100+3 Great Danish Industrial Designs/ ID prisen 1965-85

Udgivet af/Published by
Dansk Designråd/Danish Design Council
H.C. Andersens Boulevard 18
DK-1553 Copenhagen V, Denmark

ISBN
87-87385-26-0

Udgave/Issue
Februar/February 1985

Redaktion/Editors
Jens Bernsen M.Sc. EE
Susanne Schenstrøm MAA

Interviews
Pi Michael (pp 16, 38, 68, 86, 90, 98, 104, 118, 132, 148, 154, 164)
Jens Bernsen (pp 24, 34, 44-45)
Birgitta Capetillo (p 136)
Ninka (p 12)

Fotos/Photography
Jørgen Schytte
Claus Ørsted (pp 53, 69, 105, 119, 149, 154, 164)

Tilrettelægning/Graphic design
Sven Hvid

Fotosats/Phototyped by
SatsButikken

Tryk/Printed by
Steen Lasse Møller
Grafisk Produktion ApS

Redaktionel randbemærkning:

Denne bog tegner 20 års udvikling indenfor dansk industriel design. Dens udgangspunkt er de ialt 100+3 produkter, der har modtaget ID prisen siden dens stiftelse i 1965.

I 1965 havde begrebet »Danish Design« forlængst opnået verdensberømmelse, for møbler, belysninger, tekstiler og andre produkter til hus og hjem.

Meget få af de produkter, der præsenteres i denne bog, tilhører dette produktområde. Alligevel har de en forbindelse til begrebet dansk designs traditionelle kvaliteter.

Et hus, som er indrettet med vore bedste møbler, belysninger og tekstiler, vinder ved, at der kommer mennesker ind i billedet.

Hvis man skal søge en dansk egenart indenfor den industrielle design, bliver det på ny i samspillet med mennesket, i et design, hvor brugeren identificerer sig med produktet, oplever det som en naturlig udvidelse af sine egne færdigheder.

Denne bog giver også en skitse til et portræt af 20 af de designere og industrimænd, der har skrevet ID prisens historie. Deres verden har mange lighedspunkter med den, der er beskrevet i en berømt bog fra 1982 om, hvordan en række store virksomheder i USA har opnået at blive, hvad forfatterne kalder fremragende virksomheder.

De amerikanske konklusioner er, at disse store virksomheder har klaret sig bedst, fordi de har opført sig, som om de bestod af små, uafhængige enheder, og at stræben efter kvalitet for dens egen skyld også har god mening rent forretningsmæssigt. Set i dette lys er det en styrke, at den danske industri består af så små enheder.

Måske er udviklingen også næret af en ukompliceret design-bevidsthed. Danmark er et af de få lande, hvor en stol, en røreskål og en lampe kan opnå at blive repræsenteret på museer verden over – og i hvert andet hjem landet over.

Jens Bernsen
Direktør, Dansk Designråd

Editorial marginal note:

This book features 20 years of development of Danish industrial design, as seen via the 100+3 products which have been awarded the ID Prize since 1965.

In 1965 »Danish Design« already enjoyed world fame for the design of furniture, lighting, textiles and other products for the home.

Very few of the products featured in this book belong to this product group. And yet, there is a tie to the qualities traditionally associated with Danish Design.

A house furnished with our best designed furniture, lightings, and textiles clearly benefits from people entering the scene.

If seeking a Danish characteristic in our industrial design, you will find it, once again, in the interaction with man, in a design where the user identifies with the product, experiences it as a natural extension of his own skills.

This book also includes a portrait of 20 of the designers and industrialists who made the story of the ID Prize. Their world is, in many ways, similar to the one featured in a famous book from 1982 on how a series of large companies in the US have become »excellent companies«.

Two of the American conclusions are, that what makes these companies excellent is their skill in performing as a series of much smaller and autonomous units, and that the search of excellence as a goal in its own right also makes business sense. Seen in this light it may be an asset that the industry of Denmark consists of a large number of small units; we have less than 100 companies which employ a staff of 500 or more.

Maybe development is nurtured too by an uncomplicated design consciousness. Denmark is one of the few countries where a chair, a salad bowl, and a lamp can become museum pieces throughout the world, and at the same time be found in every second home throughout the country.

100+3 Great Danish Industrial Designs
ID prisen 1965-85

Danish Design Council
Dansk Designråd

Navn/Name:
Poul Schlüter

Titel/Title:
Statsminister
Prime Minister

Produktudvikling og industriel design

Vi kender alle sammen forskellen på at tjene 100 kr, bruge 110 kr og låne de 10 kr, sammenlignet med at tjene 100 kr, bruge 90 kr og sætte de sidste 10 kr i banken. På kort sigt er forskellen måske ikke så stor, men på langt sigt er det den, der sætter skel mellem fallit og velstand.

Det, der gælder for vores private økonomi, gælder også i industrien, men med en vigtig modifikation: En virksomhed kan *ikke* på langt sigt spare op bare ved at sætte sine penge i banken. Papirpengene bliver kun ved med at bevare deres værdi, så længe vi er i stand til at opretholde en levedygtig produktion.

For en industrivirksomhed er den eneste mulige opsparing derfor investering i virksomhedens egen udvikling.

Engang var den fornuftigste investering, som en virksomhed kunne foretage, investering i de materielle aktiver: Bygninger og produktionsanlæg. Selvfølgelig skal disse aktiver stadigt være i eksemplarisk orden. Men der er kommet noget mere til: Investering i immaterielle aktiver. Der skal investeres i opbygningen af egen organisation, i udbygningen af kommunikation og markedsføring, og først og sidst i udviklingen af nye produkter. I virkeligheden er det den *ide,* der ligger i virksomhedens produkter og deres markedsføring, der bestemmer værdien af de materielle aktiver.

Produktudvikling er en investering i industriel kreativitet, som betaler sig selv tilbage to gange, fordi produktudvikling ikke alene er en investering i nye produkter, men også i virksomhedens evne til at trives i den eksplosion af ny viden inden for teknik, videnskab og informatik, vi oplever i disse år.

En række af de virksomheder, der har klaret sig bedst i de seneste år, har investeret 10% eller mere – ikke af deres overskud, men af deres *omsætning* – i udviklingen af nye produkter. Det er den type virksomhed, som er fremtidens industri, virksomheder, der er baseret på forskning, højteknologi og produktudvikling.

Siden 1965 er ialt 100 nyudviklede produkter blevet belønnet med Dansk Designråds pris for

Product Development and Industrial Design

We all know the difference between earning £ 10, spending £ 11 and borrowing £ 1 – compared to making £ 10, spending £ 9 and putting the remaining £ 1 into the bank. In the short term the difference may not be very big. But over a longer period, it is the difference between bankruptcy and affluence.

This applies to our private economy. And it is also true of industry – but with an important modification: in the long run a company *cannot* accumulate resources simply by putting its money in the bank. Paper money retains its value only as long as we are able to maintain a healthy production.

So the only way a healthy company can save up is to invest in its own development.

There was a time when the best investment an enterprise could make was to invest in tangible assets: buildings and productive plant. These assets, of course, must still be maintained in perfect order. But another factor now has to be taken into account: investment in intangible assets. A company now has to invest in building up its own organisation, expanding its communications and marketing, and first and foremost in the development of new products. In effect, it is the *idea* behind a company's products and their marketing that determines the value of its tangible assets.

Product development is an investment in industrial creativity – and it pays for itself twice over. Because product development is in the first place an investment in new products – and in the second place an investment in the company's ability to survive in the explosion of know-how in the fields of technology, science and informatics we are currently experiencing.

Many of the companies that have done best in recent years have invested 10% or more – not of their profits but of their *sales* – in product development of new products. It is this kind of company that will make up the industry of tomorrow . . . companies based on research, high technology and product development.

Since 1965 a total of 100 newly developed products have received the Danish Design god industriel design, ID prisen. Det har været spændende for mig at se, at en lang række af de virksomheder, som har haft størst succes som produktudviklere samtidig har markeret sig gennem fremragende produkt-design. Der er en tæt forbindelse mellem produktudvikling og industriel design. Produktudvikling og industriel design synes ofte at være to sider af samme sag.

ID prisen har også gennem årene demonstreret, at design ikke er en luksus, som kun store og velkonsoliderede virksomheder kan tillade sig, men tværtimod en kilde til velstand for virksomheder af alle størrelser.

Jeg tror ikke, at det er hensigtsmæssigt, at regeringer driver nogen form for erhvervsvirksomhed. Erhvervslivet og industrien er bedst til at klare det kommercielle.

Måske er det også somme tider det, der ligger bag godt statsmandsskab: Ikke at blande sig i for meget, men at give plads for, at industrien kan udvikle sig i kraft af sine egne visioner, dristighed og evnen til at lægge *det* ekstra i sine produkter, der gør hele forskellen. Måske er det i virkeligheden sådan, at en politik først lykkes, når folk siger, at disse resultater skabte vi selv.

En vigtig del af regeringens arbejde består i at omlægge brugen af statens midler. Målet er at anvende mindre til forbrug og mere til investering, f eks. indenfor uddannelse, forskning, kommunikation og i køb af videnintensive ydelser, som stimulerer den danske industri.

Disse investeringer er igen grundlaget for, at industrien kan udvikle sig – ved egen kraft – og uanset gode eller dårlige tider i resten af verden skabe ny velstand.

I denne sammenhæng indtager spredningen af viden om – og holdninger til – produktudvikling og industriel design, og investeringen i uddannelserne indenfor produktudvikling og industriel design en central plads.

Poul Schlüter

Council's award for good industrial design: the ID Prize. It has been interesting for me to observe that many of the companies which have enjoyed the greatest success with their development of new products have also distinguished themselves for their excellent product design. There is a close link between product development and industrial design. Product development and industrial design often seem to be two sides of the same coin.

The ID Prize has demonstrated over the years that *design* is not a luxury which only large and financially powerful companies can afford. On the contrary, it is a source of success for companies of all sizes.

I don't think it is a sound policy for governments to operate any kind of commercial enterprise. The business community and industry are better equipped to handle the commercial side of our society.

Maybe that's the kind of thing statesmanship includes: not interfering too much but leaving room for industry to develop under the momentum of its own visions, courage and ability to put that little bit extra into its products that makes all the difference. Maybe a policy isn't successful until people say: »We produced these results ourselves.«.

An important part of the Danish government's job is to redirect the way the nation uses its resources. Our aim is to spend less on consumption and invest more in such things as education, research, communications, and the purchase of know-how-intensive services to stimulate Danish industry.

These investments will be the basis on which industry can develop – under its own steam – and generate new affluence, irrespective of whether the economies of other countries are improving or declining.

In this context it is vitally important to spread knowledge of – and the attitude towards – product development and industrial design and investment in education and training in this field.

3 ID klassiker priser

I 1984 blev ID prisen, Dansk Designråds pris for god industriel design, for første gang uddelt som en ID klassiker pris. I 1985 modtog yderligere to virksomheder ID klassiker prisen.

De tre prisbelønnede produkter har alle været fremstillet i mere end 25 år, og de sælges idag over hele verden.

3 ID »Classics« Prizes

In 1984, the Danish Design Council's award for good industrial design, the ID Prize, was awarded as a »classics« prize for the first time. In 1985, two more companies were awarded the ID »Classics« Prize.

All three of the award-winning products have been in production for more than 25 years; they are all sold all over the world.

ID

Navn/Name:
Arne Jacobsen, 1902-71

Titel/Title:
Professor, Arkitekt MAA
Professor, Architect MAA

MYRE-stolen har været i produktion siden 1952.

MYREN er gennem sin tekniske kvalitet beslægtet med vore bedste, håndværks-baserede møbler, uanset der er tale om et rendyrket industriprodukt.

MYREN er en minimumskonstruktion: Tre forkromede stålben, som samles og fastholdes i midten af stolen, tre gummi-klodser, som støtter sædet.

Sæde og ryg er udført i et stykke som en dobbeltkrum skal. Gennem ophænget og en teknisk betinget forsnævring af ryggen opnås en behagelig fjedring. Indsnævringen i ryggen giver stolen dens karakteristiske form. Stolen fylder og vejer meget lidt og den kan stables.

MYREN er solgt i mere end en million eksemplarer og er repræsenteret på museer verden over. Den er et eksempel på, at god design er god forretning.

The »ANT« chair has been in production since 1952.

With its uncompromising detailing, the chair is of the same standard as our best craft-based furniture, yet it achieves this quality as a product designed purely for industrial manufacturing.

The ANT is a minimal construction: three chrome-plated steel legs, assembled and fastened at the centre of the chair; three rubber blocks which support the seat.

The rubber suspension of the chair and the narrowing of the back, which was a technical must, gives the chair a comfortable springing. The narrowing of the back also gives the chair its characteristic shape. The chair is light, takes up little space, and can be stacked.

More than one million ANTs have been sold, and the chair is found in museums all over the world. It is a perfect example of the fact that good design is good business.

Produkt/Product:
MYRE-stolen
The ANT Chair

Design:
Arne Jacobsen MAA

Producent/Manufacturer:
Fritz Hansens Eft. A/S

Navn/Name:
Arne Jacobsen, 1902-71

Titel/Title:
Professor, Arkitekt MAA
Professor, Architect MAA

Arne Jacobsen:
Det grundlæggende i det arkitektoniske skønhedsindtryk er proportioneringen. Det er netop proportioneringen, der gør de gamle græske templer klassiske i deres skønhed. Det er som store blokke, hvor luften bogstavelig talt står hugget ud mellem søjlerne. Og hvad enten man kigger på en bygning fra barokken, fra renæssancen eller fra nutiden – dem, man har lyst til at se på, dem, man beundrer, de er allesammen velproportionerede, det er helt afgørende. Og dernæst kommer stoffet – at man ikke blander forkerte materialer sammen. Og ud af det kommer selvfølgelig farven – og tilsammen helhedsindtrykket.

Jeg kan ikke fordrage ordet »smag«, det er sådan lige op ad damehatte. Jeg vil nærmere sige kunstneriske indstilling, om man er åben, om man er vågen. På en måde er kvalitetssansen blevet bedre, statussymbolet i de små ting er gået væk. Det synes jeg er godt.

Det afgørende er, at man ser tingene vokse, at man begynder med en lille skitse og ser helheden og detaljerne blive til virkelighed. Det lyder lidt krukket – men det er selve den skabende virksomhed, og den er lige spændende, hvad enten det er en teske eller en nationalbank. For der kommer altid et tidspunkt, hvor man ligesom mærker sin udygtighed, tvivlen kommer. At få tingen realiseret, at få den derhen hvor man kan sige: Så, nu er det godt – det er meget svært at få det op til det. Man stiller mange gange sig selv høje mål. Måske for høje.

På mine gamle dage ville jeg gerne hellige mig min have, det ender med, at jeg bliver den gamle gartner. Hidtil har jeg holdt mest af grønne planter, som blomstrer, men hvor blomstringen ikke er det vigtigste. Jeg har aldrig rigtig brudt mig om roser, og så synes jeg, det er kedeligt, at de ikke dufter. Men nu har jeg fået forbindelse med en planteskoleejer ved Løve, som har brugt 40 år af sit liv på at fremelske roser med duft, roser med den flade form, ligesom på gamle hollandske malerier. De er faktisk gevaldigt smukke – dem dyrker jeg i haven ved mit sommerhus. *Ninka*

Arne Jacobsen:
The primary factor of beauty – in architecture as in design – lies in the proportions. It is precisely the proportions which make the old Greek temples classic in their beauty. They are like blocks, from which the air has been literally hewn out between the columns. And whether one looks at a building from the Baroque, the Renaissance or today, those one wants to look at, those one admires, are all well-proportioned; that is vital. Next comes the material, not mixing wrong materials. And out of that comes of course the colour – and together the overall impression.

I can't stand the term »good taste« as if we were talking about ladies' hats. I would rather say: Artistic approach, receptiveness, alertness. In one way the sense of quality has got better. On the other hand I don't understand the enthusiasm for everything in the antique shop that Grandma threw out. There I think the sense of quality has declined; otherwise Grandma wouldn't have thrown it out.

For me, the vital thing is to see things grow; to start with a small sketch and see the whole and the details become reality. It may sound a bit affected, but it is the actual creative activity, whether it's a teaspoon or a national bank. There always comes a time when one, as it were, feels one's lack of skill, feels doubt. To get a thing realized, to get it where one can say »There, now it's good«, that's very difficult to achieve. Many a time one sets oneself too high aims. Perhaps too high.

In my old age I'd no doubt cultivate my garden; I shall end up as the old gardener. Up to now I've been most fund of foliage plants that flower, but in which flowering is not the most important. I've never really cared much for roses; there's something flashy and assertive about modern roses, and I think it's a pity they haven't any scent. But now I have fund a nurseryman who has spent forty years of his life cultivating roses with a scent; flat-shaped roses like in the old Dutch paintings. They are tremendously beautyful; I grow them in the garden of my summer cottage.

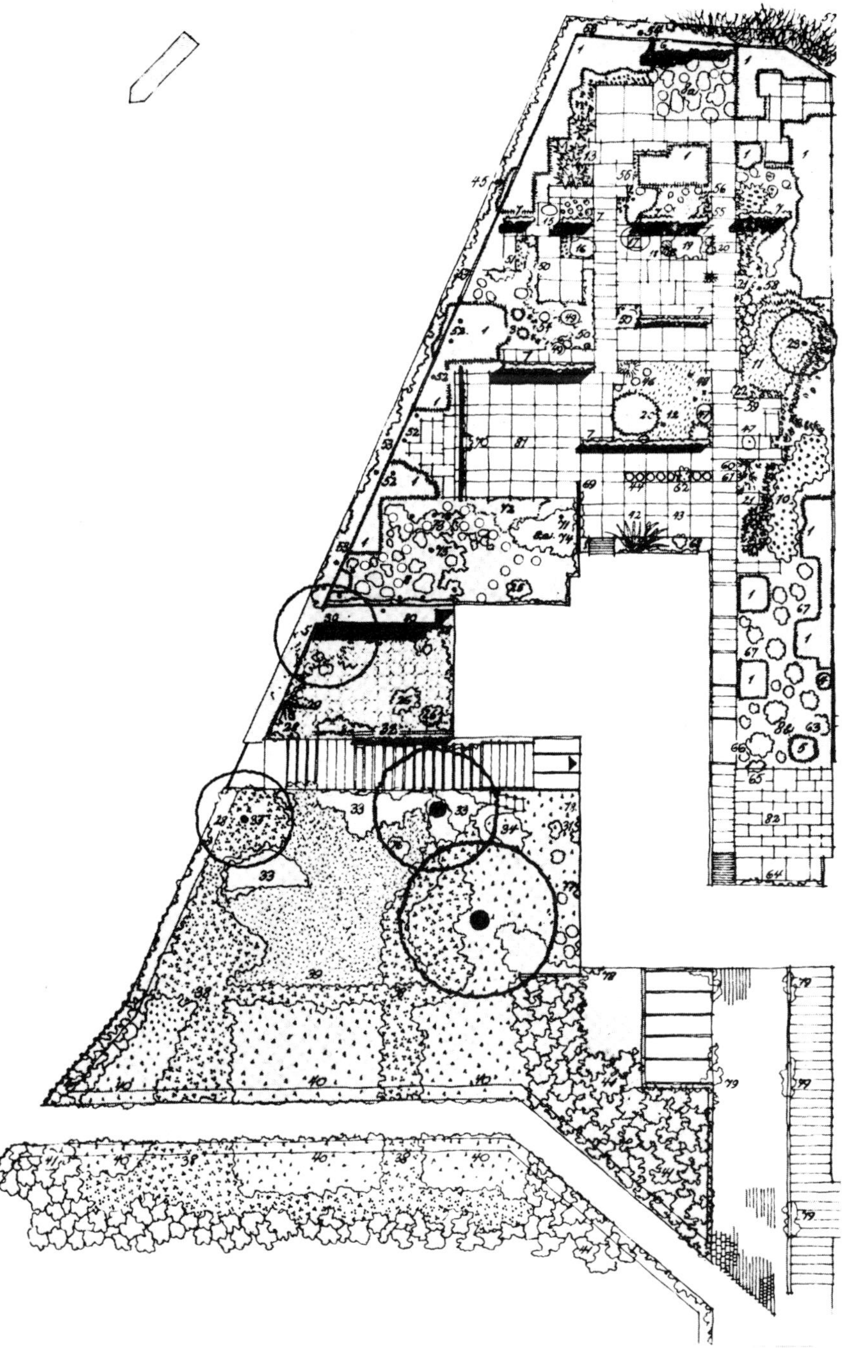

1. Arundinaria murielæ. Bambus.
2. Arundinaria nitida. Bambus.
3. Arundinaria aurieoma. Bambus.
4. Sasa japonica. Bambus.
5. Sasa seanensis nebulosa. Bambus.
6. Taxus baccata (hæk).
7. Lærk (hæk). Larix leptolepis.
8. Forskellige stauder.
9. Rodgersia podophylla.
10. Hydrangea sargentiana.
11. Pachysandra terminalis.
12. Evonymus inima.
13. Gunnera chiliensis.
14. Orchideer.
15. Fuglebad.
16. Miscanthus Zebrinus. Græsser.
17. Miscanthus gracillimus. Græsser.
18. Avena sempervirens. Græsser.
19. Pæonia arborea. Træagtig pæon.
20. Viburnum davidii.
21. Rodgersia tabularis.
22. Myrica (Pors).
23. Paulownia tonebtosa.
24. Rhus typhima laciniata.
25. Acer japonocum.
26. Picea nidiformis (dværggran).
27. Hedera colnica (vedbend).
28. Asarum europæum.
29. Berberis verruculosa.
30. Rhus typhina.
31. Stephanandra incisa.
32. Metasequoia glyptostroboides.
33. Stephanandra incisa.
34. Cotoneaster salicifolia.
35. Robinea pseudoacacia.
36. Ulmus (elm).
37. Laburnum (guldregn).
38. Pyracantha (ildtorn).
39. Cotoneaster dammeri.
40. Hedera helix (vedbend).
41. Berberis polyantha.
42. Crinum powellii.
43. Pæonia delavayi (træagtig pæon).
44. Acapanthus.
45. Hippophae (sandtorn).
46. Eremurus robustus.
47. Sorbus koemmeana (hvid røn).
48. Yuaca filamentosa.
49. Pieris japonica.
50. Erica carnea alba (hvid lyng).
51. Arundo donax.
52. Pinus sylvestria (skovfyr).
53. Ribes alpinum.
54. Euphorbia lathyrus.
55. Miscanthus varigatus.
56. Veratum nigrum.
57. Cotoneaster multiflora.
58. Lilium henryi.
59. Gypsophilla repens.
60. Gentiana aselepiadea.
61. Gentiana sino ornata.
62. Potophyllum emadi.
63. Clematis macropetale.
64. Hedera conglomerata.
65. Prunus schipkaensis.
66. Lilius gigantum.
67. Vedbend conglomerata.
68. Figen.
69. Clematis le coultre.
70. Akebia quirata.
71. Betula pendula.
72. Dianthus duches of fiet.
73. Taxodium destichum (sumpcypres).
74. Lonocera tragophylla.
75. Pinus cembra.
76. Berberis stenophylla.
77. Prunus schipkaensis.
78. Aristolochia durior.
79. Lonicera henryi.
80. Viburnum rhytidophyllum.
81. Solplads.
82. Skyggeplads.

Navn/Name:
Sigvard Bernadotte, 1907

Titel/Title:
Designer, Greve
Designer, Count

Firma/Company:
Tegnestue med Acton Bjørn i København 1950-66. Fortsat praksis i Sverige fra 1966.
Practice with Acton Bjørn in Copenhagen 1950-66. Own practice in Sweden since 1966.

Navn/Name:
Acton Bjørn, 1910

Titel/Title:
Arkitekt/Architect MAA

Firma/Company:
Acton Bjørns Tegnestue ApS

I 1984 indstiftede juryen for ID prisen en ID klassiker pris, som blev givet til et produkt, der har været i produktion i mere end 25 år.

Denne tradition fortsættes i 1985 med uddelingen af ID klassiker prisen til Margrethe-skålen, som har været i produktion siden 1950.

Margrethe-skålen er udført i termohærdende plastic, melamin. Den findes i fem forskellige størrelser og i seks farver, som går igen i virksomhedens øvrige melamin program.

Margrethe-skålen er rundet som den ske, der skal røre i den. En gummiring i bunden hindrer den i at skride. Kanten danner i den ene side en vulst, som gør den sikker at gribe om. I den anden side vider kanten sig ud i en hældetud.

Skålen er af meget høj kvalitet i den tekniske udførelse. Den tåler daglig brug gennem mange år, og findes i så godt som enhver dansk husholdning.

Margrethe-skålen er et eksempel på, at god design kan give et produkt en identitet i brugerens bevidsthed og en platform for markedsføringen af produktet. Skålen sælges idag over hele verden.

In 1984 the ID Prize jury set up a new award: The ID Classic Prize. It will be given to products which have been manufactured for more than 25 years.

The 1985 ID Classic Prize goes to the Margrethe Bowl, which has been in production since 1950.

The Margrethe Bowl is made of a thermo-setting plastic, melamine. It is available in a range of five different sizes and six colours, which are repeated in the manufacturer's other melamine products.

The bowl has the same curves as the spoons which are designed to stir its contents. A rubber ring embedded in its underside prevents the bowl sliding on the worktop. The lip of the bowl is moulded at one side to form a handle. On the opposite side the lip becomes an open spout for easy pouring.

The Margrethe Bowl is of a very high technical standard. It can withstand years of everyday use, and is to be found in virtually every household in Denmark.

The Margrethe is an example of how good design can establish a product's identity in the user's mind and provide a platform from which to market the product. The bowl is now sold throughout the world.

Produkt/Product:
Margrethe skål/bowl, 1955

Design:
Sigvard Bernadotte
Acton Bjørn MAA

Producent/Manufacturer:
ROSTI A/S

Navn/Name:
Acton Bjørn, 1910

Titel/Title:
Arkitekt/Architect MAA

Firma/Company:
Acton Bjørns Tegnestue ApS

Acton Bjørn:
Da Sigvard Bernadotte og jeg for 30 år siden forsøgte at indføre begrebet industri-design, var der ikke mange, der forstod, hvad det kunne blive til. Nu er det et begreb, alle industrier arbejder med.

Vi har arbejdet med skrivemaskiner, regnemaskiner, kuglepenne, toiletsæder og radiatorthermostater – produkter for milliarder af kroner for millioner af mennesker.

Når Rosti's Margrethe-skåle idag står i så mange hjem rundt om på jorden, skyldes det, at Bernadotte og jeg altid har søgt at formgive vore ting, så brugen af dem bliver helt ligetil. Margrethe-skålen er så enkel, at den ikke væsentligt kan forbedres. Man kan holde på den med den ene hånd og røre med den anden, og hælde af den uden at have et skidtsamlende håndtag. Den er festlig i farven og så pæn, at man kan servere salat i den ved bordet. Den er mere skridsikker, end de fleste hundeskåle. Og den er rimelig i pris.

Vi har lært meget i vort samarbejde med produktions- og salgsfolk i industrien, om at arbejde sammen, og også om at fornemme det rigtige tidspunkt at føre en ide frem. En »rigtig« ide falder til jorden, hvis den kommer på markedet, før teknikken er færdigudviklet, eller markedet er modent til den. Kunsten er at komme på markedet klokken fem minutter i tolv; klokken halv et er det for sent.

Udviklingen begrænser jo levetiden af visse ting. Den tekniske udvikling har stoppet mange produkter og gjort store ting mindre, men nye produkter kan altid gøres bedre end de tidligere. Vi har altid bestræbt os på at gøre vort arbejde så tidløst som muligt. Vi har måske nok aldrig været moderne, men til gengæld er vore produkter heller aldrig blevet umoderne.

Vore tidligere medarbejdere er spredt over mange forskellige lande og arbejdspladser, hvor de hver for sig er med til at forbedre dagliglivets brugsgenstande, så de kan blive bedre og mere praktiske.

Acton Bjørn:
When, 30 years ago, Sigvard Bernadotte and I tried to introduce the concept of industrial design, there were not many people who understood how this could develop. Now it is a concept that effects every industry.

We have worked with typewriters, calculators, ball pens, toilet seats and radiator thermostats – products for billions of kroner, and for millions of people.

When Rosti's Margrethe bowls are found in so many homes today, all over the world, this is due to the fact that Bernadotte and I have always tried to design our things so that they will be quite simple in use. The Margrethe bowl is so simple that it cannot be improved on very much. It can be held in one hand and stirred with the other, and it is possible to pour from it without having a dirtcollecting handle. The colours are bright, and it is so attractive that salad can be served in it at the table. It stands firmer than most dog dishes. And it is reasonable in price.

We have learned much from our cooperation with production and sales people in the industry about working together, and also something about feeling when it is the right time to launch an idea. A »real« idea falls to the ground if it is introduced on the market before the technique or the market is ready for it. The trick is to enter the market at five minutes to twelve; at half past twelve it is too late.

Development limits the lifetime of certain things. Technical development has put a stop to many products and made large things smaller, but new products should always be better than earlier ones. We have always tried to make our work as timeless as possible. Perhaps we have never been modern, but on the other hand our products have never gone out of fashion.

Our previous employees are spread over many different countries and places of work, where they have all contributed to improving articles for everyday use, so that they become better and more practical.

Et af mine ønsker er at være med til at gøre bilen mere brugervenlig. At tage hensyn til de ting, vi bruger bilen til: Børn, sport, indkøb. Der er plads til fire mennesker i bilen, selv om der jo ofte kun er to mennesker i den, men der er bestemt ikke plads til en plasticpose. Ved første opbremsning ryger det hele på gulvet, og så kan vi begynde at samle alt det op, vi en gang har samlet op i supermarkedet.

Navn/Name:
Poul Henningsen, 1894-1967

Titel/Title:
Arkitekt/Architect MAA

ID klassiker prisen 1985 tildeles endvidere PH kogle-lampen.

Koglen har alle PH lampens traditionelle egenskaber: Den bygger på et mangeskærms-princip, hvor skærmene fordeler lyset, så belysningen nænsomt tegner rummet og formen af ting i rummet, og samtidig sikrer, at lyset ikke blænder.

Koglen er oprindeligt tegnet som en stor, festlig belysning til restauranten Langelinie-pavillionen.

Den har siden vundet udbredelse over hele verden – som en moderne udgave af den traditionelle lysekrone.

Det er et bevis for kvaliteten af dens design, at den kan klare sig i næsten et hvilket som helst miljø, og at den hvor den anvendes bedst, yder et synligt og iøjnefaldende bidrag til rummets arkitektur.

Coinciding with its selection of the Margrethe Bowl, the jury also chose to award the ID Classic Prize to the PH Artichoke lamp.

The Artichoke has all the traditional qualities of the PH family of lamps: it is based on the multiple-shade principle, enabling the shades to spread an indirect lighting effect, illuminating the room and its contents without permitting the light to produce glare.

The Artichoke was originally designed as a large, opulent lamp for Langelinie Pavilion, a Copenhagen restaurant.

It has since established its popularity throughout the world – something of a latter-day chandelier.

Its design quality is evidenced by the fact that it can survive (handsomely) in almost any setting and that, put to optimum use, it makes a visual and highly visible contribution to the architecture of a room.

Produkt/Product:
PH Kogle/Artichoke

Design:
Poul Henningsen, 1958

Producent/Manufacturer:
Louis Poulsen & Co. A/S

Navn/Name:
Poul Henningsen, 1894-1967

Titel/Title:
Arkitekt/Architect MAA

Poul Henningsen:
Fra attenårs-alderen, da jeg begyndte at rode med lys, har jeg ledt efter fred i lyset. Jeg tror ikke på sandfærdigheden af de stigende krav til lysstyrken. Det er en fristende, men ukunstnerisk løsning at blive ved med at sætte lysstyrken i vejret. Det er sanitært set mere end illusorisk, når man samtidig forringer lysets kvalitet. Og det farlige er, at når eet sted i gaden, i huset, i rummet er sat op i belysningsstyrke, trækker det efterhånden alt andet med sig, fordi mennesket alligevel instinktivt søger en balance. Kan den ikke fås på et rimeligt plan, må man finde den på et urimeligt. (1958).

Når man en aften på toppen af en sporvogn ser ind i alle hjemmene på første sal, grues man over, hvor trist mennesker har det. Møbler, stilarter, tæpper, penge, alt er ganske ligegyldigt i forhold til belysningens anbringelse. Det koster ikke penge at belyse et rum rigtigt, men det kræver kultur. (1928).

Opgaven måtte være et nyt belysningslegeme, hvor man gik ud fra blændingsspørgsmålet. Det er dette, der er søgt med PH-lampen, og meget tyder på, at det er lykkedes – i hvert fald over min forventning. Men det lå i udviklingen. Der var ingen vej udenom. Nutidens og den nærmeste fremtids belysningsproblem er efter min mening det blændfri lys og det varme lys. (1927).

Det vil ikke være at vente, at en ny form på belysningslegemet, som PH-lampens, (som endda ikke ligner nogen bestemt stilart, eller noget man har set før, noget japansk eller lignende) straks skulle vinde udelt bifald ved sit udseende. Fra visse sider, mærkelig nok navnlig fra teknikeres har man også fundet dens linjer mærkværdige. Men det mest overraskende ved PH-lampens succes er netop, at så mange mennesker har kunnet se den skønhed, der ligger i en genstand, der helt og holdent opfylder sin opgave og ikke prætenderer at være andet, end den er. (1927).

Poul Henningsen:
From the age of 18, when I began to experiment with light, I have been searching for harmony in lighting. I do not subscribe to the idea of an ever-increasing demand for more powerful lighting. It is tempting, but unartistic to continue to increase lighting intensity. The danger is that when one area in a street, in the house, in a room, is lit by a more intense light, it gradually pulls everything else with it, because people instinctively seek a balance. If this cannot be achieved at a reasonable level, it has to be sought at an unreasonable one. (1958)

When, in the evening, from the top of a tram car, you look into all the homes on the first floor, you shudder at how dismal people's homes are. Furniture, styles, carpets, money, everything is immaterial compared to the positioning of the lighting. It doesn't cost money to light a room correctly, but it does require culture. (1928)

The task is to find a new lighting feature, where the emphasis is on the problem of glare. This is what is attempted with the PH-lamp, and there is much to indicate that it has been successful. But that lay in the development. There was no way round it. The problem of lighting at present and in the near future is centered on the achievement of non-dazzling and warm illumination. (1927)

It was not to be expected that a new light fixture like the PH-lamp (which does not even resemble any particular style of anything seen before, would immediately win whole-hearted praise for its appearance. From some quarters, strangely enough from technologists in particular, its contours have been found to be extraordinary. But the most surprising thing about the success of the PH-lamp is precisely that so many people have been able to see the beauty that lies in an object which completely fulfills its purpose and does not pretend to be anything other than what it is. (1927)

It has always been the idea that the PH-lamp should be the lamp for the home. Due to its qualities and its modern appearance it had to be accepted first in offices and public buildings, but it is constructed with the most difficult and noble task in mind: lighting in the home. Today it is nearer to achieving this goal than yesterday, and work will continue daily to perfect it. The aim is to beautify the home and the people who live there, to make the evening restful and relaxing.

I believe in a connection between everything. Between all the arts, between art and science, between art and technology. Art should be simply experienced, and what prevents us from experiencing it is good taste . . . Art is something other than taste . . . Perhaps the opposite of taste. The art is to distinguish the essential from the inessential.

100 ID priser

ID prisen er en anerkendelse for god industriel design. Dens hensigt er at stimulere interessen for produktudvikling og at fremme bestræbelserne i dansk industri for at markere sig med et gennemarbejdet og funktionelt produkt-design.

ID prisen blev indstiftet i 1965 og er hvert år siden da blevet uddelt til en eller flere virksomheder, som har lanceret produkter af forbilledlig konstruktiv, æstetisk og brugsmæssig værdi. I årene 1965-85 er ID prisen blevet uddelt ialt 100 gange for nyudviklede produkter samt ialt 3 gange som ID klassiker pris til produkter, der har været i produktion i mere end 25 år.

ID prisen uddeles på basis af en tilmelding af produkter til konkurrencen om ID prisen. Tilmeldingerne er normalt ledsaget af en eller flere prøver af produktet samt en beskrivelse af produktets tilblivelse og ide, som redegør for dets egenskaber i henseende til formål, konstruktion, fremstilling, funktion, æstetik, marked og miljø.

Kriterierne for uddelingen af ID prisen har aldrig været formuleret direkte; invitationerne til at deltage i konkurrencen om prisen har kun opregnet, hvilke typer af egenskaber, der indgår i vurderingen, men ikke søgt at definere begrebet god industriel design direkte.

Juryen har imidlertid i hvert enkelt tilfælde motiveret tildelingen af ID prisen for hvert enkelt produkt.

De følgende sider præsenterer de 100 produkter, der har modtaget ID prisen i årene 1965-85. Sammen med produktet gengiver bogen de jury-kommentarer, som har begrundet pristildelingen. Bortset fra enkelte forkortelser, som har været nødvendige af redaktionelle grunde, er teksterne identiske med de oprindelige jury-kommentarer.

Bogen kan derfor læses både som et stykke industrihistorie og som en indkredsning af, hvad begrebet god industriel design står for i praksis.

100 ID Prizes

The ID Prize is the Danish Design Council's award for good industrial design. Its purpose is to stimulate the development of new products in Denmark and to inspire industry to pursue the ideal of a well planned and functional product design.

The ID Prize was introduced in 1965 and has every year since then been awarded to one or more companies which have introduced products of high quality in terms of construction, aesthetics, and use. During the years 1965-85 the ID Prize has been awarded for a total of 100 new products, and as a »classics« prize to a total of 3 products which have been in production for more than 25 years.

The ID Prize is awarded on the basis of a competition, where all entries include not only a sample of the product but also description of its idea and of how it came into being, accounting for its purpose, construction, manufacturing, function, aesthetics, and relationship to the environment.

The criteria for the awarding of the ID Prize have never been explicetely stated; the invitation to submit entries for the ID Prize competition has merely stated which types of properties are considered during the evaluation, but refrained from defining good industrial design directly.

For all award-winning products, however, the jury has stated directly its reasons for awarding the ID Prize.

A presentation of the 100 ID Prize-winning products is given in the following. This presentation includes both a photograph of the product and the original comment of the jury.

The book can therefore be read both as a chapter in the history of Danish industry and as an introduction to what the notion of good industrial design means in practice.

ID

Navn/Name:
E. Rørbæk Madsen, 1915

Titel/Title:
Chefingeniør/Cheif Engineer
B&O, 1937-72; 72-82

E. Rørbæk Madsen:
Da jeg startede hos Bang & Olufsen for snart 40 år siden, kendte vi ikke rigtigt dette med projektgrupper. Hver opgave var en opgave, man løste ene mand.

Alligevel udgjorde vi et team, der var båret af en vældig entusiasme. Jeg tror, at det, der fik virksomheden til at hænge sammen, var, at de to grundlæggere fra starten havde kaldt B&O for »det danske kvalitetsmærke«. Det prægede indstillingen til tingene: Vi ville være forrest.

Mit fag, elektro-akustik, beskæftiger sig med to ting på en gang. Det gør produktudvikling på en måde også. Man skal kunne sin teori – og samtidig have praktisk sans. Og så skal man opsøge de rigtige opgaver.

B&O's stereo pick-up er vokset ud af et behov af, hvad man havde brug for den gang. Da jeg konstruerede den i 1958, havde jeg aldrig set en stereo pick-up. Derfor blev den unik. Grundprincippet i den, moving cross systemet, er iøvrigt det samme, som B&O anvender idag.

Når tingene er bedst, går konstruktion og form op i en enhed. Når et produkt opfylder sin funktion hele vejen igennem, og når det ikke indeholder noget som helst overflødigt, så er opgaven lykkedes.

B&O blev en design-baseret virksomhed i midten af 60'erne. At det lykkedes skyldes virksomhedens evne til at være åben for folk med kreative evner. Det har også noget med virksomhedens natur at gøre; den var en blanding af noget organiseret og noget temmelig uorganiseret. Produktudviklere skal, ligesom kunstnere, have frie hænder, og alligevel skal der ligge et system bag ved det hele.

I mit otium arbejder jeg ikke længere med lyd, men med billeder. Jeg maler meget, det vil jeg bruge mine sidste år til. Men forskellen på musik og maleri er nu ikke så stor. Det, der ligger bag ved, er nok det samme.

Jeg gav det et navn, som blev titlen på den bog, jeg skrev om Bang & Olufsen for nogle år siden: At skabe er at leve. *JB*

E. Rørbæk Madsen:
When I started at Bang & Olufsen, almost 40 years ago, we didn't know anything about project groups. Each problem was one you solved by yourself.

But we were still a team, working with great enthusiasm. I think what kept the enterprise together was that from the beginning the two founders had called B&O »the Danish seal of quality«. This influenced our attitude to things. We wanted to be in the forefront.

My area, electro-acoustics, deals with two things at once. So does product development in a way. You have to know the theory and at the same time have practical sense. And you have to find the right projects.

B&O's stereo pick-up arm grew from a requirement of what was needed then. When I constructed it in 1958 I had never seen a stereo pick-up. Therefore, it was unique. The basic principle, the moving cross system, is the same B&O uses today.

When things are best, construction and form are one. When a product functions all the way through and doesn't contain anything superfluous, the task has succeeded.

B&O became a design-based enterprise in the mid-60's. Its success is due to its ability to be open to people with creative ability. It also has something to do with the nature of the company: it was a mixture of the organized and rather unorganized. Product developers, like artists, must have free hands, but there must still be a system behind it all.

During my retirement, I am no longer working with sound but rather with pictures. I paint a lot, and plan to use my last years this way. The difference between music and painting is not that great. The idea behind them is about the same.

I gave this a name, which became the title of the book I wrote about Bang & Olufsen some years ago: Creating is living.

1965

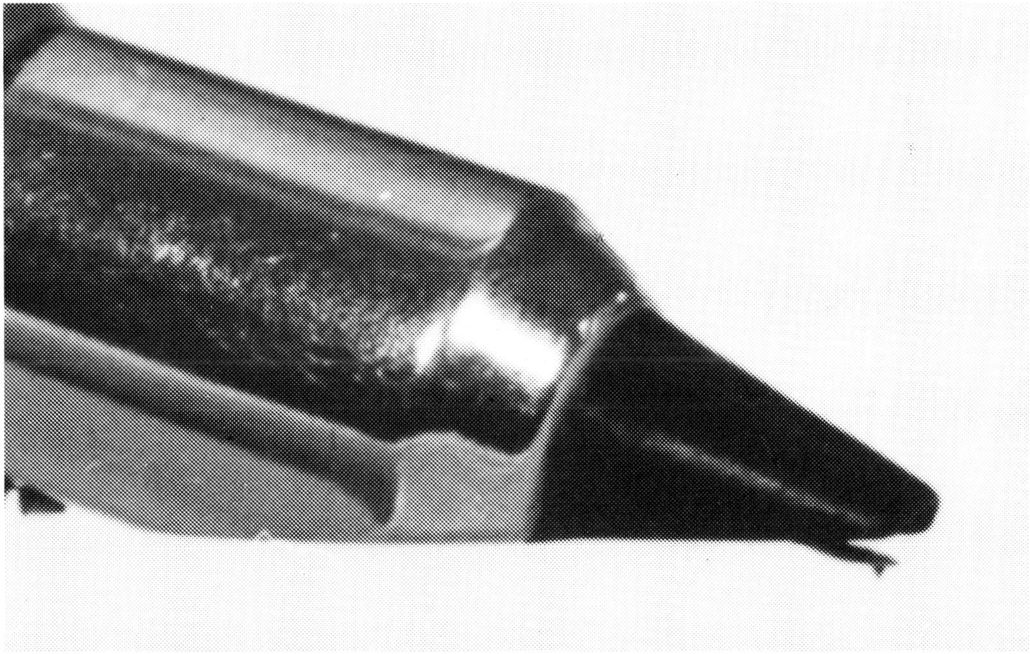

Produkt/Product:
Stereo pick-up and tone arm

Design:
E. Rørbæk Madsen, B&O

Producent/Manufacturer:
Bang & Olufsen A/S

Stereofonien var endnu på forsøgsstadiet, da B&O for mange år siden fik den første experimentelle stereoplade hjem fra USA. For at afprøve den måtte man konstruere ikke blot forstærkerudstyr, men også en egnet pick-up. En sådan fandtes ikke i Europa dengang.

Det blev til B&O tonearmen, sikkert den mest originale og elegante løsning på dette problem til dato. En klassiker i dansk elektronik, og stadig et af de fineste aggregater på det internationale marked.

Tonehovedet udgør et lukket, integreret magnetodynamisk system. Indkapslingen af hovedet slutter det magnetiske kraftforløb og skærmer mod udvendige forstyrrelser. Anker og nåleholder er ophængt på en yderst enkel måde, og nålen beskyttes af et penneformet plast-rør, som letter en præcis manøvrering af pick-up'en.

Tonearmen er statisk og dynamisk afbalanceret og kompenseret for sidekræfter, hvorved »skating« er elimineret.

Stereophonic sound was still in the experimental stage when B&O obtained an experimental Stereo record from USA many years ago. In order to test it, the firm had to design the amplifier equipment needed as well as a suitable pick-up. The equipment simply did not exist in Europe at the time.

The result was the B&O tone arm, which is undoubtly the most original and elegant solution to the problem yet made. A classic in Danish electronics, and still one of the finest units on the international market.

The pick-up unit consists of a closed, integrated magnetodynamic system. The casing completes the magnetic flow and provides a shield against interference. The anchor and needle holder suspension is unusually simple and the point is protected by a conical plastic tube that simplifies exact positioning on the record.

The tone arm is statically and dynamically balanced, and compensated for lateral bias to avoid skating.

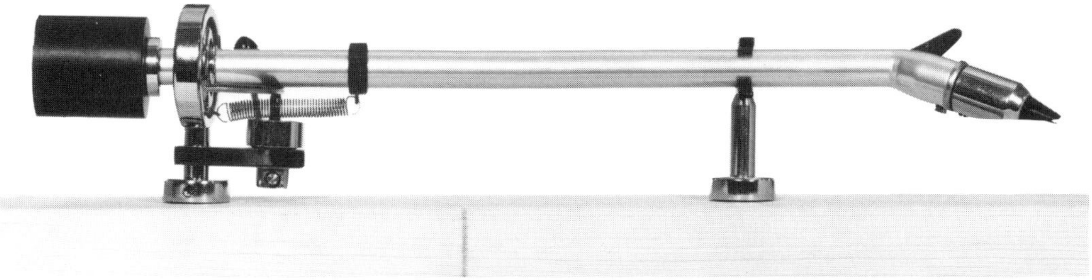

Støj er en af nutidens værste plager. Vort akustiske miljø forurenes af et stigende antal kilder: husholdningsredskaber, transportmidler, maskiner og mange andre.

Brüel & Kjær forsyner støjfjender i hele verden med våben i kampen mod den akustiske forurening: instrumenter som kan registrere enhver tænkelig form for spektakel. Firmaet har siden midten af fyrrerne specialiseret sig i konstruktion og produktion af apparatur til akustisk og vibrationsteknisk måling.

2203 lydmåleren er et af disse instrumenter: et håndværktøj til brug ved akustiske analyser i felten og i laboratoriet. Et ærligt, redeligt og effektivt elektronisk brugsredskab.

Noise is one of the worst plagues of modern life. Our acoustic environment it polluted by a growing number of sources: household appliances, transport, machinery, and many others.

Brüel & Kjær have provided the enemies of noise all over the world with a weapon against acoustic pollution: instruments that can register all imaginable forms of noise. Since the mid-forties, the firm has specialised in the design and production of equipment for technical measurement of acoustics and vibration.

Sound Level Meter 2203 is one of these instruments. A tool for use in field and laboratory acoustic analysis. An honest, straightforward and effective electronic implement.

Navn/Name:
Rolf Andersen, 1926

Titel/Title:
Designer IDD

Firma/Company:
Skolen for Boligindretning.
The School of Interior Design.

De fleste produkter gennemløber tre faser i deres udviklingshistorie: På pionérstadiet er man lykkelig, når bare mekanikken fungerer. Dernæst går det ud på rationel produktionstilpasning. Til sidst kommer de menneskelige faktorer: ergonomi, miljøtilpasning, æstetik.

Kontormaskineri var en af de første »professionelle« produktgrupper, som fuldbragte denne udvikling. I dag vil ingen anstændig pen- og blækhusarbejder finde sig i redskaber, som i mindste måde henleder tanken på tandhjul og smørelse. Tingene skal være i orden.

Eskofot fotokopieringsmaskinerne er eksempler på den velsoignerede teknik, som præger moderne kontorgrej. Materialer, form og grafik danner en helhed af høj brugsmæssig og æstetisk kvalitet.

Most products pass through three phases in their development: In the first it is enough that they function. The next phase introduces rational product adjustment. Then the human element is added – ergonomy, environmental adjustment, aesthetics.

Office machinery was one of the first »professional« product groups to pass through all three stages. Today, no self-respecting pen-pusher would touch any apparatus that contains even a hint of cogwheels or grease. Everything must be neat and orderly.

The Eskofot copying machines are examples of the well-groomed technology characteristic of modern office equipment. The materials, the form and graphic layout unite in an object of excellent functional and aesthetic quality.

1965

Produkt/Product:
2203 Sound Level Meter

Design:
Brüel & Kjær

Producent/Manufacturer:
Brüel & Kjær A/S

Produkt/Product:
Planocop + Printess fotokopieringsmaskiner/ photo-copying machines

Design:
Rolf Andersen IDD
Jan Trägårdh MAA IDD

Producent/Manufacturer:
Eskofot A/S

Navn/Name:
Grethe Meyer, 1918

Titel/Title:
Arkitekt/Architect MAA

Firma/Company:
Grethe Meyers Tegnestue

Med Blåkant lancerede Den Kongelige Porcelainsfabrik en virkelig nyhed; et gennemarbejdet fajance-service til en overkommelig pris, og i en tidssvarende, brugsrigtig udformning. Blåkant må på forhånd betragtes som en klassiker i dansk brugskeramik.

Stellet er udført i en lys, grå glasur med en enkelt, blå kantstribe – heraf navnet. Delene er alsidigt anvendelige, nemme at rengøre, lette at stable og opbevare, og formerne er enkle, neutrale og appetitlige, men også levende og spændstige.

Her kan man virkelig se værdien af et godt samarbejde mellem en fin kunstner og en dygtig virksomhed.

The Royal Porcelain Manufactory made an advance when it introduced a new concept, a completely new faience dinner set design at a reasonable price and in an up-to-date, functional form. Blue Line must be considered a classic of Danish ceramics.

The service is finished with a light grey glaze and a single blue line – hence the name. The individual pieces are versatile in use, easy to clean and easy to stack and store in a cupboard, while the form is simple, neutral and attractive, but tense and full of life.

The importance of good cooperation between a fine artist and an effective manufacturer could hardly be better illustrated.

1965

Produkt/Product:
Blåkant fajance service
Blue Line faience dinner set

Design:
Grethe Meyer MAA

Producent/Manufacturer:
Den Kongelige Porcelainsfabrik A/S

Navn/Name:
Henning Koppel, 1918-81

Titel/Title:
Formgiver, Billedhugger
Designer, Sculptor

En spydig skribent betegnede engang vore designere som »gaflens metafysikere«. Faktisk har Danmark høstet mange laurbær for bestik og andre ting til bordet, og Georg Jensens Sølvsmedie har været banebryder for udbredelsen af begrebet dansk design.

Man skulle tro, at skeen, gaflen og kniven forlængst havde fundet deres form. Alligevel kan disse enkle brugsfunktioner stadig inspirere kunstnere til nyskabelser, eller til nybearbejdning af nedarvede former.

Henning Koppel's bestik »New York« er en sådan bearbejdning af et klassisk tema. Men samtidig et eksempel på hvordan kunstnere kan medvirke til fornyelse af en kulturel arv.

Dengang »Den Permanente« modtog den italienske designpris »Compasso d'Oro«, skrev kritikeren Augusto Morello, at danske designere »søger at bevare udviklingens kontinuitet«. Henning Koppel's bestik er en fin illustration af dette princip.

A sarcastic writer once branded our designers »metaphysicians of the fork«. It is true that Denmark has won much recognition for cutlery and other objects for table use, and Georg Jensen Silversmiths have been one of the leaders of Danish design.

Logically, the knife, fork and spoon must have achieved their final form long ago. Yet these simple implements can still inspire artists to make new forms, or renew inherited styles.

Henning Koppel's cutlery, »New York«, is a renewal of a classic theme. But it is also evidence that an artist can help to bring new life to a cultural inheritance.

When Copenhagen's »Den Permanente« exhibition received the Italian design prize »Compasso d'Oro«, the Italian critic Augusto Morello wrote that Danish design »seeks to preserve the continuity of development«. Henning Koppel's cutlery is a fine expression of this philosophy.

Navn/Name:
Acton Bjørn, 1910

Titel/Title:
Arkitekt/Architect MAA

Firma/Company:
Acton Bjørns Tegnestue ApS

De første radiomodtagere fremstod som rene laboratorieopstillinger, der mest var til glæde for videnskabsmænd og amatører – dengang kaldet »radioter«.

Senere blev radioen allemands eje, og modtageren blev til et fast element i hverdagen – ligesom telefonen og det elektriske lys. Denne udvikling fik endnu et skub, da transistoren kom frem, og radioer kunne bygges små og lette og uafhængige af lysnettet.

B&O var et af de første firmaer, der omsatte den teknologiske udvikling i moderne design, og Beolit 500 var et af de første forsøg på at frembringe en radio, der var lige så enkel som en telefon.

Ingen videnskabelige snurrepiberier, men blot nogle få tangenter, som indstiller forskellige forvalgte stationer. Betjeningen kan ikke blive enklere, og udformningen er anonym, kompakt og helt afklaret.

The first radio receivers were laboratory wonders created for the benefit of a few scientists and amateurs who were quickly dubbed »Radiots«.

Later, the radio became a common convenience in everyday life – like the telephone or electric light. This tendency became even more pronounced when the transistor appeared, and radios could be made smaller, more convenient to operate, and became independent of mains electricity.

B&O was one of the first firms to make use of technological development in modern design, and Beolit 500 was one of the first attempts to produce a radio that was just as simple as a telephone.

No scientific complications, just a few keys that tuned to pre-selected stations. Operation could not be simpler, and the design is anonymous, compact and beautifully simple.

1966

Produkt/Product:
New York
bestik/cutlery

Design:
Henning Koppel

Producent/Manufacturer:
Georg Jensens Sølvsmedie A/S

Produkt/Product:
Beolit 500 radio

Design:
Acton Bjørn MAA

Producent/Manufacturer:
Bang & Olufsen A/S

Navn/Name:
I.G. Hannemann, 1907-80
B.J. Rambøll, 1911

Titel/Title:
Professor, dr.techn.
Professor, dr.techn.

Firma/Company:
Rambøll & Hannemann
Rådgivende Ingeniører A/S

Hvor meget skal man betale for en civilisation? Spørgsmålet melder sig, når man rejser i tætbefolkede egne, hvor menneskenes værk manifesterer sig i mangfoldige former. Baner, vejanlæg og højspændingslinier markerer den materielle status i verdens rige områder; jomfruelige landskaber forvandles til fægtepladser for fremskridtets juggernauter.

Alligevel må man medgive, at mange moderne anlæg har givet naturen visse tilskud; netop en højspændingslinie, der marcherer over bjerg og dal, kan på en særlig måde tegne de store linier op i landskabet.

Men i Danmarks æblegård og humlehave skal man gå mere forsigtigt frem, end man kan i Norges fjelde. E. Rasmussens letmaster har på en fin måde tilpasset sig det intime præg, som er et særkende for vort landskab. De gennemsigtige stålkonstruktioner føjer sig smukt og naturligt ind i naturen. Konstruktionen af masterne af automatsvejst rundstål er en arkitektonisk og ingeniørmæssig bedrift.

What is the cost of civilisation? The question arises while travelling in densely-populated areas that most clearly show the work of mankind in so many ways. Roads, railways and high-tension cables underline the material status of the prosperous sections of the globe; virgin land converted into a playground for the juggernauts of progress.

But some modern facilities make a contribution to nature. A marching row of high tension masts moving over mountain and valley can emphasize the broad lines of a landscape in a special way.

More caution is needed in Denmark's apple orchards and neat farms than in Norway's towering mountains. E. Rasmussen's masts are well suited to the intimate friendliness of our landscapes. The open steel constructions fit attractively and naturally into the scenery. The construction of the masts in automatically-welded steel rods is a feat of engineering and architecture.

1966

Produkt/Product:
10 kV+20-30 kV
letmaster/power masts

Design:
Rambøll & Hannemann

Producent/Manufacturer:
E. Rasmussen Industri A/S

Navn/Name:
Poul Due Jensen 1912-77

Titel/Title:
Fabrikant/Manufacturer

Firma/Company:
Grundfos A/S

Poul Due Jensen:
Ingeniør Poul Due Jensen etablerede selvstændig virksomhed i 1945 – i kælderen under villaen i Bjerringbro. Due Jensen vurderede, at landbrugets mekanisering ville betyde investeringer i teknisk udstyr og samtidig frigøre en stabil og flittig arbejdskraft, som ville søge beskæftigelse i den gryende industri. »Man bør ikke kæmpe mod udviklingen, men i stedet være med til at skabe den«, var hans kommentar.

Det førte til udviklingen af hans første automatiske vandværker, i form af en grundvandspumpe, som blev styret af en trykafbryder. Det næste produkt blev en dybvandsstempelpumpe med en energibesparelse på 20% i forhold til de dengang kendte konstruktioner. Den illustrerer et princip, der fulgte Poul Due Jensen som produktudvikler livet igennem: »Kan et nyt produkt ikke udføres anderledes og bedre, har det ingen berettigelse«.

Fabrikant Poul Due Jensen så udviklingen af virksomheden selv som en opgave, der kun kan løses gennem samarbejde: »Det er ikke meget, et enkelt menneske kan overkomme, men der er ingen grænser for, hvad mange mennesker, der arbejder sammen, kan overkomme«.

Denne filosofi har ført til vækst over grænserne. Grundfos A/S beskæftiger idag ca. 3.000 medarbejdere i Bjerringbro og ca. 2.000 i koncernens selskaber i Vesteuropa, Australien, USA og Japan. Produktionen er automatiseret og i vidt omfang baseret på industrirobotter og styresystemer, som er udviklet af virksomheden selv.

Undervejs er Grundfos blevet verdens største producent af cirkulationspumper – samtidig med at virksomheden har opnået en position som en af dem, der »sætter standarden« for kvalitet i alle dele af verden, hvor Grundfos pumperne, ofte under ugunstige betingelser, er i drift år ud og år ind – som en illustration af et andet af grundlæggerens principper: »Det er ingen kunst at konstruere en pumpe, som arbejder perfekt på laboratoriet. Kunsten er at konstruere en pumpe, som fungerer problemfrit under de betingelser der bydes den i den virkelige verden«. *JB*

Poul Due Jensen:
Poul Due Jensen, engineer, set up his own company in 1945, in the cellar of a house in Bjerringbro, Denmark. He calculated that the mechanization of agriculture would mean investment in technical equipment, while liberating stable, industrious manpower looking for work in a growing industry. »Don't fight development – be part of its creation,« was his comment.

This led to the development of the first automatic waterworks, consisting of a groundwater pump which was activated automatically when a tap was turned on. The next product was a deep-water piston pump which provided an energy saving of 20% compared to other constructions known at the time. This new product illustrated another principle which has followed Poul Due Jensen throughout his life as a product developer: »A new product cannot be justified if it isn't different and better.«

Poul Due Jensen saw the development of the company itself as a job which could be realized only through intelligent cooperation: »There isn't much a lone individual can manage, but there are no limits to what many people working together can manage.«

This philosophy has led to growth beyond all limits. Grundfos A/S employs more than 3.000 people in its Danish home office, and 2.000 in the Group's 16 subsidiaries in Western Europe, Australia, the U.S.A. and Japan. Production is automated and largely based on industrial robots and control systems developed by the company itself.

Along the way, Grundfos has become the largest producer of circulation pumps in the world. At the same time, the company has become the standard setter for quality in all parts of the world where Grundfos pumps – often under unfavourable conditions – are at work year in and year out. Which illustrates another of its founder's principles: »It is no art to construct a pump which works perfectly in the laboratory. The art is to construct a pump which works perfectly in the real world.«

1967

Produkt/Product:
SP dykpumper
SP submersible pumps

Design:
Poul Due Jensen (Grundfos)

Producent/Manufacturer:
Grundfos A/S

Grundfos dykpumper er usynlige, når de er i brug. Pumperne er beregnet til at nedsænke i udgravninger eller borerør. Alligevel udgør de et skoleeksempel på fremragende design. At de også er smukke at se på, er en biomstændighed. Hvad man hæfter sig ved er en elegant konstruktion, en effektiv funktion og en raffineret produktionsteknik.

Bortset fra motoren er samtlige elementer fremstillet af presset rustfri stålplade, hvorved aggregatet frembyder en hidtil ukendt modstandsdygtighed overfor kemiske og galvaniske angreb. Pumpedelen er opbygget af identiske turbinemoduler, som stables og kobles sammen ved hjælp af 4 langsgående spændebånd. Grundfos dykpumpen kan hente vand op fra 200-250 m dybde, hvilket er det dobbelte af, hvad man har kunnet opnå med konventionelle borerørspumper.

The Grundfos submersible pumps are completely out of sight when they are in operation. They are made to be submerged in bore pipes or excavations. Yet they are a perfect example of excellent design.

The attractive appearance of these pumps is of secondary importance. More pertinent factors are elegant construction, efficient function and a refined production technique.

Apart from the motor, all the parts are made of pressed stainless steel sheet giving unsurpassed resistance to chemical and galvanic attack. The pump sections are built of identical turbine modules which are stacked and then linked together with four lateral ties. The Grundfos submersible pump can raise water from a depth of 200-250 metres, twice as high as the lift provided by conventional well pipe pumps.

Navn/Name:
Arne Jacobsen, 1902-71

Titel/Title:
Professor, Arkitekt MAA
Professor, Architect MAA

Arkitekten Arne Jacobsen er sikkert mere end nogen anden forkæmper for de kvalitetsbegreber, der har slået dansk design fast som international værdinorm. I over fyrre år har denne utrættelige mand skabt huse, textiler og redskaber for en lang række klienter.

A/S Stelton er en af disse, og Cylinda Line er et typisk udtryk for Arne Jacobsens holdning til industriel design. En prægnant formgivning, en fremragende finish og et gennemtænkt program er de kendetegn, som man hæfter sig ved.

Delene fremstilles i en delvist automatiseret produktion med anvendelse af moderne svejsemetoder. Den gennemrationaliserede fremstillingsteknik placerer Cylinda Line i et absolut konkurrencedygtigt prisleje.

Architect Arne Jacobsen is without doubt one of the champions of the quality concepts that have made Danish design an established international standard. For over 40 years this untiring man has designed houses, textiles and implements for many different clients.

A/S Stelton is one of them, and the Cylinda Line is a typical illustration of Arne Jacobsen's approach to industrial design. Concise form, excellent finish and a well planned programme are obvious characteristics.

The individual parts are produced in semi-automated equipment using modern welding methods. Rational production technique puts the Cylinda Line in a competitive price class.

1967

Produkt/Product:
Cylinda Line

Design:
Arne Jacobsen MAA

Producent/Manufacturer:
A/S Stelton

Navn/Name:
Jean Fischer, 1922

Titel/Title:
M.Sc.BE

1968

Jean Fischer:
Engang fortalte min mor mig en fabel som gjorde et uudsletteligt indtryk på mig. Det var den om ravnen, som var så tørstig og endelig kom til en krukke halvt fuld af vand. Men da den stak næbbet ned kunne den lige netop ikke nå vandet. Da den søgende gik rundt om krukken fik den pludselig en ide: Ved at komme små sten i krukken fik den vandet til at stige så højt, at den kunne drikke.

Jeg har lige siden, hvis noget ærgrede mig, tænkt at der måtte være en løsning på problemet, men i reglen opstår ideer hos mig af lutter glæde. Det er jo fornøjeligt at kaste sig ud i problemerne, hvis man har mulighed for at løse dem.

Det mest tilfredsstillende, man kan beskæftige sig med, er kreativt arbejde. Om det så giver sig udtryk i videnskabeligt eller kunstnerisk virke eller i rent kontante problemløsninger, er det af samme natur. Design hører hjemme i samme område. At lave god design er at forenkle tingene. Der må ikke være så meget som en streg ekstra til pynt. Og funktionen skal lyse ud af produktet, ellers er der noget galt.

Man er mest kreativ, hvis man forstår at lade de to hjernehalvdele – den intuitive og den analytiske – arbejde skiftevis. Ved analytisk kritisk gennemgang af det intuitive udspil kan der kommet et befrugtende ping pong spil ud af det.

Da man efter krigen begyndte at producere akustikplader, blev de lavet af træfiberplader. Det var brandfarligt, og da arkitekternes eneste frihedsgrad lå i ændring af plademodulerne, var der altid en masse spild. Ved at lave Dampa-panelerne modulløse – i egentlig forstand skræddersyede fra fabrikken – blev spildet nedsat, og ved egnet materialevalg ubrændbare. Med en rationel montageidé der tillod adgang til hulrummet over loftet overalt uden brug af værktøj var der dermed løst de afgørende problemer, som siden har været den design-mæssige andel af Dampa-produkternes succes. Og så har arkitekterne mulighed for frit at arbejde i rette eller krumme flader, så loftet tilpasses bygningens arkitektur. *Pi*

Jean Fischer:
My mother once told me a fable which made a lasting impression on me. It was about a raven which was very thirsty and finally found a jar, half-full of water. But when it put its beak in the jar it could not quite reach the water. As it searched around the jar it suddenly had an idea: by dropping small stones into the water it got the water to rise to a level where it could drink.

Ever since, if something bothered me, I have thought that there must be a solution to the particular problem, but as a rule ideas occur to me out of sheer happiness. It is a pleasure to throw oneself into problems if you have a possibility of solving them.

To work in the creative field is the most satisfying thing of all. Whether it be expression in science, artistic work or concrete problem-solving, makes no difference. Design belongs to the same creative field. Good design is knowing how to simplify things. There must not be so much as an extra line of decoration. And the function should radiate from the product, otherwise something is wrong.

One is most creative if one can let the two halves of the brain, the intuitive and the analytical, work alternately. By means of a critical analysis of the intuitive idea, a fruitful ping-pong game can take place.

When, after the war, acoustic boards were first produced, they were made of wood fibre panels. There was a fire risk, and since the only degree of freedom for the architect consisted in changing the module for the board, there was always a lot of waste. By making the Dampa-panels module-free, in reality tailor-made at the factory, the waste was reduced, and the fire-risk eliminated by means of a suitable choice of material. With a rational idea for assembly which gave access to the space above the ceiling anywhere without use of tools, three decisive problems were solved, representing the contribution of good design to the success of Dampa-products. And the architects still have the possibility to work freely with straight or curved surfaces, so that the ceiling suits the architecture of the building.

Produkt/Product:
DAMPA-10
loftsystem/ceiling system

Design:
Jean Fischer M.Sc.BE

Producent/Manufacturer:
Dampa A/S

Dampa A/S har opbygget en verdensomspændende virksomhed i fabrikation af elementer til nedhængte akustiklofter. En detalje, kan man sige, men en fin løsning af et stort problem.

Dampa-loftet opbygges af glatte eller perforerede U-formede aluminiumprofiler, som hægtes sammen i en bæring af lette stålskinner og indstillelige stropper. Systemet er indlysende enkelt og har naturligvis fundet mange efterlignere.

Dampa-systemets succes har mange årsager: Let og hurtig montering; gode egenskaber i henseende til akustik og ventilation; nem forsendelse; flexibilitet; smukt udseende. Et godt eksempel på innovation, produktudvikling og design i treenighed.

Dampa A/S has built up a world-wide organisation for the production of elements for suspended acoustic ceilings. A detail, perhaps, but an excellent solution to a considerable problem.

The Dampa ceilings are built up of smooth or perforated U-shaped aluminium profiles that couple together as a support for light steel rails and adjustable straps. The system is extremely simple and as a consequence has been widely copied.

There are many reasons for the success of the Dampa system: easy and quick to erect; good acoustic and ventilation qualities; convenient for transport; flexible; an attractive appearance. A good example of innovation, product development and design well combined.

Navn/Name:
Sven Dooleweerdt, 1934

Titel/Title:
Designer IDD

Firma/Company:
Sven Dooleweerdt Industriel Design

GNT Automatic A/S har et historisk medansvar for det som i dag kaldes for informations-explosionen, idet en del af firmaet oprindelig var en aflægger af det Store Nordiske Telegrafselskab. Dette firma forsynede teleadministrationer over hele jorden med udstyr til morsetelegrafi – herlige instrumenter i messing og mahogni.

Naturligvis er GNT Automatic A/S langt fremme i udviklingen af moderne, elektronisk kommunikationsudstyr, deriblandt periferiudstyr til databehandlingsanlæg. Perforatoren er et led i en hel serie maskiner til behandling af papirkodebånd i forbindelse med EDB-anlæg og numeriske styringsopgaver.

Arbejdshastigheden er høj; aggregatet er modulopbygget efter plug-in-systemet, og udformningen er såre velsoigneret.

GNT Automatic A/S has a share of responsibility for what is called the information explosion, for the firm was originally a subsidiary of the Great Northern Telegraph Company, and supplied its parent with apparatus – magnificent instruments in brass and mahogany.

Of course, GNT Automatic A/S has since come much further in developing modern, electronic communications equipment, including portable radio-telephones. The GNT Automatic A/S perforator is an element in a whole series of machines for handling perforated tapes and punch cards in combination with teletypes, computers and other numerically controlled devices.

It has an unusually high operational speed, and it is built on a module system with plug-in units. The design is very well finished.

Firmaet A. Edm. Hansen har frembragt en fortrinlig afløser til den klassiske flagermuselygte: AEH blinklanternen, som tænder og slukker selv.

Lygten er fremstillet af slagfast plast og kan adskilles og samles uden brug af værktøj. Tænding og slukning styres af en fotocelle, som sammen med den elektroniske blinkenhed er indstøbt i lygtehuset.

Betjening og service er reduceret til et minimum, og udformningen svarer til den knubbede behandling, som entreprenørmateriel udsættes for. At den også har en vis æstetisk appel, afspejler sig i den kendsgerning, at AEH lygterne er blevet populære som souvenirs, hvilket har nødvendiggjort udviklingen af en ekstra sikker fastgørelsesmetode.

The firm, A. Edm. Hansen has developed an excellent replacement for the hurricane lantern: the AEH blinker lamp, which starts and stops automatically.

The lamp is made of shockproof plastic, and can be assembled and dismantled without the use of tools. It is controlled by a photo-electric cell which is cast in the lamp housing.

Care and service of the lamps is reduced to a minimum. They automatically begin to blink at dusk, and stop again at dawn. They are made tough enough to stand the rough treatment of roadworking. That they also have a degree of aesthetic appeal is shown by the fact that AEH lamps have become »collectors' items« – necessitating the development of an extra secure mounting.

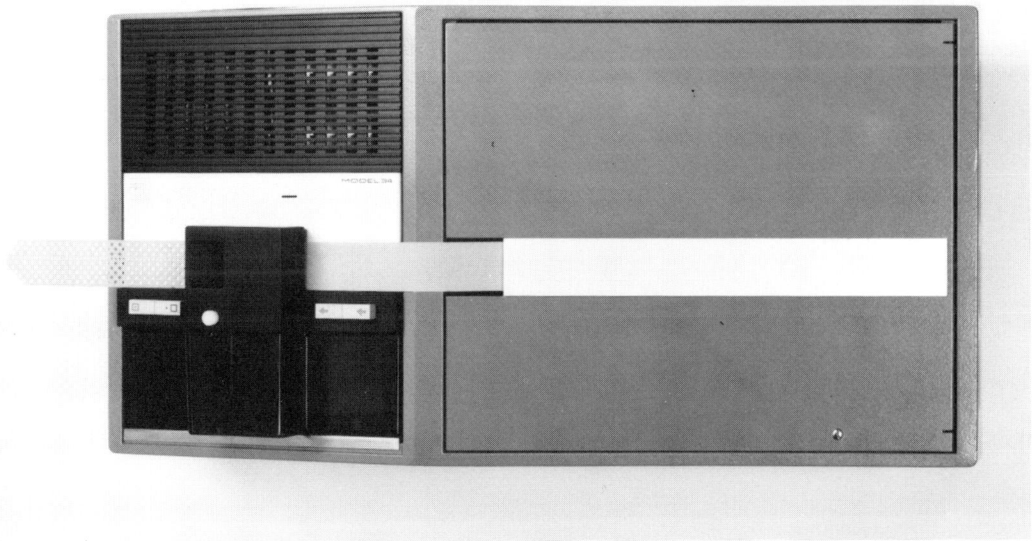

Produkt/Product:
Strimmel- og kortperforator
Punch card and tape perforator

Design:
Sven Dooleweerdt IDD
Jørn Thellufsen (GNT)

Producent/Manufacturer:
GNT Automatic A/S

Produkt/Product:
Blinklanterne
Blinker lamps

Design:
P. Neesbye-Hansen

Producent/Manufacturer:
A. Edm. Hansen

Navn/Name:
Jacob Jensen, 1926

Titel/Title:
Designer

Violinen fandt sin endelige form for 300 år siden; træskoen er endnu ældre. Radioen er stadig så ung, at ingen ved, hvordan den engang vil ende med at se ud.

Endnu i halvtredserne skulle man have en såkaldt radiogrammofon, hvis man ville eje det bedste udstyr: Et chatol, som i varierende historisk eller modernistisk forklædning husede forskellige underholdningsfunktioner under een hat.

I dag er »radiogrammofonen« splittet op. Vi taler nu om båndoptager, pladespiller, modtager, forstærker og højttalere som adskilte elementer. Radioen er ikke længere et møbel, men en miljøfaktor i meget vid forstand.

B&O serie 1200 er et klart udtryk for et moderne syn på begrebet underholdningselektronik. Serien udgør et samstemt system, som dels opfylder alle tekniske krav, men som tillige i henseende til form, grafik og materialer har fundet en god balance mellem »apparat« og »møbel«.

The violin found its final form 300 years ago; the wooden shoe is even older. The radio is still so young that no-one knows what it will look like in the future.

In the Fifties, one had to have a radiogram in order to own the best equipment. A bureau in historic or modern style that housed different entertainment functions under its polished wood.

Today the radiogram has been dissected. We now consider the tape recorder, record player, receiver, amplifier and loudspeakers as separate elements. The radio is no longer a piece of furniture, but in the broadest sense a part of our environment.

The B&O 1200 series is a clear expression of a modern view of electronic entertainment. The series is a coordinated system that meets all technical requirements but in its form, materials and graphic style has also achieved a fine balance between »apparatus« and »furniture«.

1968

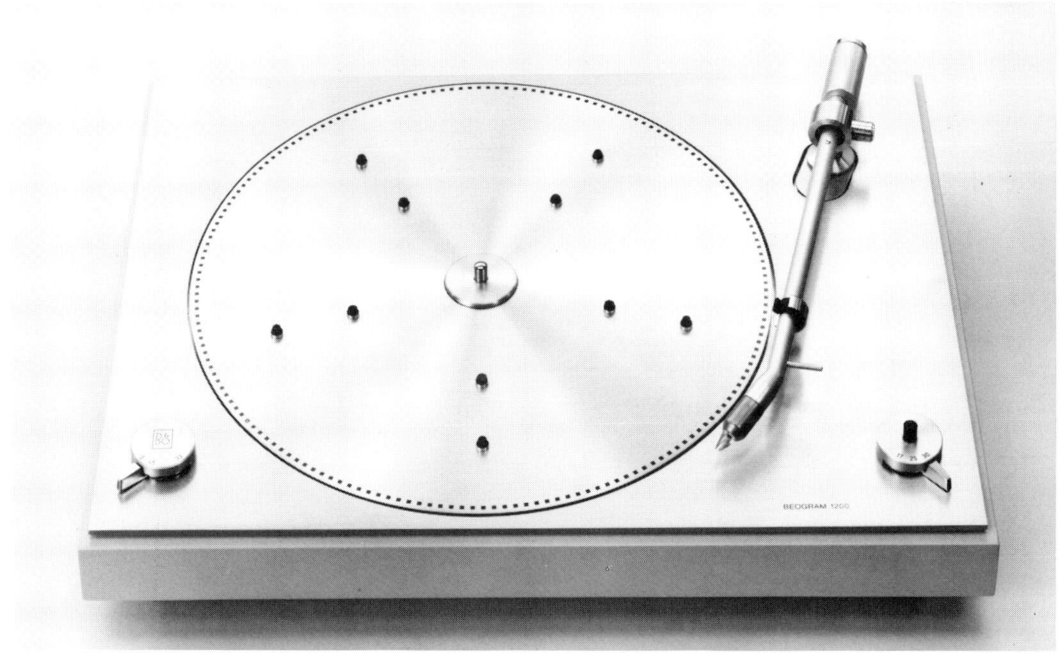

Produkt/Product:
Beomaster 1200 radio
Beogram 1200 grammophone
Beocord 1200 tape recorder

Design:
Jacob Jensen

Producent/Manufacturer:
Bang & Olufsen A/S

Navn/Name:
Jacob Jensen, 1926

Titel/Title:
Designer

Jacob Jensen:
Design er en god ide, der kan kommunikeres gennem et produkt.

Det at nå frem til en livskraftig ide, er det kreative element i design, og før du er nået frem til denne ide, har det ikke nogen mening at begynde at tale om form.

Hvor kommer ideerne fra? Der er kun een vej: At prøve igen og igen og igen, at lade være med at klamre sig til ideer, der ikke er gode nok, at blive ved, og at vide »deep in your soul«, at du kan klare det her.

Du kan kun have en fornuftig dialog med en fabrikant, hvis din ide er god nok. Hvis han siger: »Men man kunne jo også tænke sig.«, så er ideen ikke god nok. Men hvis han spørger: »Hvordan kan vi egentlig lave det her?«, så er du på sporet, og så kan du begynde at lave en form, der passer til produktets ide.

Koncept, ide, design – det er de ting, der gør den egentlige forskel, alt andet er ligegyldigt.

Teknisk kvalitet og holdbarhed er banaliteter, når man skal sælge et produkt. Selvfølgelig er det kvalitet, og selvfølgelig er det holdbart. Fremtidens industriprodukter vil blive fremstillet af robotter her eller der, det er lige meget; konstruktionen køber man i en viden »pool«; det er ikke gennem produktion og konstruktion, produkterne vil adskille sig fra hinanden. Det, der er kernen i det, er at have en anderledes funktionside, noget, der får andre til at sige: »Hvorfor har jeg ikke tænkt på det?«, og noget, der kan kommunikeres, så det kan forstås.

Sådan et produkt får kunden til at sige: »Det forstår jeg godt, det siger mig noget«, til at mærke noget af produktets identitet gennem sig selv, og måske til at føle noget ved det, at blive forelsket i det.

Man kan uddanne en masse gode design-håndværkere, folk, der kan tegne, men man kan ikke uddanne folk til at få ideer. De findes kun her og der og nu og da, men det er dem, der får tingene til at bevæge sig.

Beviset på, at man har nået noget som designer er, at man bliver kopieret. Mange af de B&O ting, jeg har tegnet gennem de sidste tyve år, og også Danavox høreapparaterne, som jeg tegnede for et par år siden, det er de ting, man kopierer i branchen idag.

At blive kopieret er i virkeligheden ikke nogen ulykke for virksomheden, for så ved den, hvor den har konkurrenterne, og for designeren er det meget stimulerende, det tvinger en til altid at være hurtigere, at være længere fremme.

Mit mest spændende projekt? Det er altid det, jeg arbejder med lige nu. Idag er det en bil, Concept Car, og den bliver til noget. Vi køber motorerne hos Ford i Köln. Det er et udmærket standardprodukt, men det er ikke dem, vi skal konkurrere på, det er bilens ide. Og om to år arbejder jeg på noget helt andet.

Jeg bor en del af året i Santa Barbara, hvor jeg også har en tegnestue. Klimaet er vidunderligt, og alle mulige slags idefolk er samlet i Californien, flere end noget andet sted i verden. Jeg har også en tegnestue i Helsinge og i Randers og på Mallorca.

Idag praktiserer vi en helt anden måde at lave design på end den traditionelle, hvor vi arbejder for en klient. Vi kører et rendyrket ide-løb. Vi får ideer, laver model og prototyper, gør produktet helt færdigt – og bagefter går vi ud og sælger ideen til en producent.

Jeg er gammel håndværker, jeg arbejder aldrig til efter kl 5 om eftermiddagen. Kl 5, så slutter vi. På ide-basis kan du i virkeligheden kun arbejde 2-3 timer om dagen. Resten er spild eller opfølgning på dine ideer. Derfor er arbejdet med modeller så nyttigt. Det gør det muligt at koble af og tanke op, og ved at se ideen i model at holde en dialog igang med sig selv.

JB

1969

Jacob Jensen:
Design is a good idea which can be communicated through a product.

Finding a viable idea is the creative element in design, that is where it all begins, and until you have reached this point, it is fruitless to start talking about form.

Where do ideas come from? There is only one way: From trying again, and again, and again. Avoiding attachment to ideas which are not good enough. Persisting, knowing deep in your soul that you can succeed. You can only have a reasonable dialogue with a producer if your idea is good enough. If he says, »But we could also do it this way . . .«, your idea isn't good enough. But if he asks, »How can we actually do this?«, you are on the track, and you can begin to create a form which suits the product idea.

Concept, idea, design – these are the things which make the real difference. Everything else is irrelevant.

Technical quality and durability are banalities when you are selling a product. Of course the product is quality, and of course it is durable. The industrial products of the future will be made by robots here or there – no matter; construction will be purchased in a knowledge pool. It will not be through construction or production that products will stand out. The central issue will be a concept of function which is different, something that makes people say, »Why didn't I think of that?« Something which communicates in a way that makes itself understood.

Such a product makes a customer say, »I understand that – that means something to me.«. It makes him respond to some of the product's identity through himself, and perhaps feel something for it, even fall in love with it.

It is possible to train masses of good designer-craftsmen. People who can draw. But you cannot train people to have ideas. They can only be found here and there, now and then, but they are the ones who make things happen.

Proof that you have made it as a designer comes when you are copied. Many of the Bang & Olufsen things I have designed through the past 20 years, as well as the Danavox hearing aids which I designed a couple of years ago, are the products which are copied in these fields today.

Being copied is actually no disaster for a company – it tells the company just where the competition is. For the designer, it is stimulating, forcing you to be faster, further ahead.

My most exciting project? That is always whatever I am working on at the moment. Today it is a car, Concept Car, which will really be something. We are buying the motors from Ford in Cologne. They are a fine standard product, but this is not what we are competing about. We are competing about the idea behind the car. In two years, I'll be working on something completely different.

I live much of the year in Santa Barbara, where I also have a design studio. The climate is wonderful, and all kinds of idea people congregate in California – more than anywhere else in the world. I also have two design studios in Denmark and one on Mallorca.

Today we design radically differently from the traditional method of working for one client. We run a pure idea race. We get ideas, make models and prototypes, finish products – and afterwards we go out and sell the idea to a producer.

By training I am a craftsman, and like old craftsmen I never work after 5:00 p.m. That's quittin' time. In actual fact, you can only work on ideas 2-3 hours a day. The rest of the time is wasted or spent following up on your initial ideas. That is why working with models is so useful. It makes it possible to relax and rejuvenate. And by seeing the idea in the model, it is possible to keep a dialogue going with yourself.

Navn/Name:
Jan Trägårdh, 1931

Titel/Title:
Designer MAA IDD

Firma/Company:
Jan Trägårdh Design

Dansk Radio Aktieselskab har i henved et halvt århundrede forsynet danske og udenlandske fartøjer med sendere og modtagere. Dette firma har gennemlevet udviklingen fra pionertidens opstillinger af spoler og lamper til nutidens kompakte, indkapslede aggregater.

Den nye Elektromekano skibssender er et godt eksempel på gennemdyrket industriel design. Ved et nært samarbejde mellem designer og grafiker har man skabt en udformning, som forener en velordnet helhedsvirkning med klarhed i de enkelte betjeningsfunktioner. Dette er særlig bemærkelsesværdigt, fordi produkter som dette fremstilles i små serier, og man er henvist til udstrakt anvendelse af standard-komponenter.

For nearly half a century, Dansk Radio Aktieselskab have supplied Danish and foreign ships with transmitters and receivers. The firm has taken part in every stage of development, from the spools and lamps of the pioneering period to today's compact, sealed units.

The new Elektromekano marine transceiver is a good example of well planned industrial design. Close collaboration between designer and artist has produced a form that unites an orderly overall appearance with clarity in the separate functions. This is particularly noteworthy because products like this are made in small runs, and wide use of standard components is unavoidable.

I tiderne før Gutenberg kendte man ingen anden form for duplikering end flittige munke, som afskrev manuskripter i sirlig gotisk stil. Helt op mod vor tid så man kopisten bøjet over pulten, når en sag skulle mangfoldiggøres i oplag, som ikke tillod bogtryk.

Nu spiller man på et bredt register af kopierings- og duplikeringsmetoder; fra fotokopi til kontor-offset. Sidstnævnte metode har vundet umådeligt frem i de senere år, dels på grund af den gode og tydelige gengivelse, men måske især fordi der nu findes nemme apparater til fremstilling af trykplader.

Med Planocop Offset producerer man en offset-plade lige så let som en lyskopi. Planocop-maskinen er udformet efter de samme konstruktive og æstetiske retningslinier, som præger firmaets øvrige produkter; orden og klarhed i funktion, form og grafik.

Before Gutenberg, the only form of duplication known to man was a row of industrious monks, who copied manuscripts in meticulous Gothic. Well into our century copying clerks bent over their desks when something had to be copied but not printed.

Today there is a wide range of methods of copying and duplicating; from photo-copying to office-offset. The latter method has become very popular in recent years, partly because of the fine, clear reproduction it provides, but also because convenient equipment for making plates is now available.

The Planocop Offset Platemaker produces offset plates with no more trouble than it takes to make at photo-copy. The Planocop machine has been designed to the same constructive and aesthetic standards as the firm's other products, combining order and clarity in function, form and graphic design.

1969

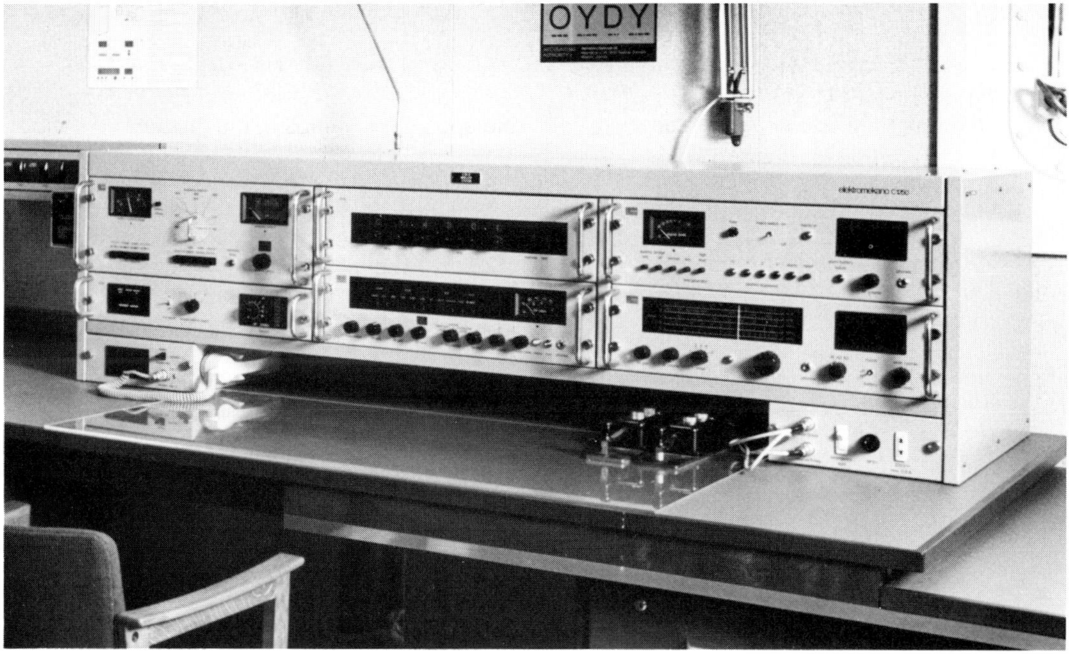

Produkt/Product:
Elektromekano S 1250
skibssender/marine transceiver

Design:
Jan Trägårdh MAA IDD

Producent/Manufacturer:
Dansk Radio A/S

Produkt/Product:
Planocop Offset Platemaker

Design:
Jan Trägårdh MAA IDD

Producent/Manufacturer:
Eskofot A/S

Navn/Name:
Jørgen Rasmussen, 1931

Titel/Title:
Arkitekt/Architect MAA

Firma/Company:
Ib og Jørgen Rasmussens Tegnestue

Virksomheden KEVI A/S har gennem årene ført en konsekvent design-politik i produktionen af kontormøbler og komponenter hertil. Den prisbelønnede KEVI skærmrulle er et fint udtryk for den holdning, som præger firmaets produktudvikling.

Udformningen af rullens enkelte dele tillader en rationel produktion i simple støbe- og monteringsprocesser. Anvendelsen af to hjul i stedet for eet giver en bedre trykfordeling og dermed en betydelig nedsættelse af både gulvslid og rulningsmodstand.

Som helhed er KEVI møbelrullen et storartet eksempel på sund sans i konstruktion, materialevalg og formgivning i overensstemmelse med de bedste traditioner i dansk møbelkunst.

For many years KEVI A/S have deliberately applied a consistent design policy in making office furniture and components. The KEVI furniture castor is a good indication of the standard of the firm's product development work.

The form of the castor's individual parts permit rational production in uncomplicated casting and assembly processes. The use of two wheels instead of one gives better distribution of pressure, reducing wear and making rolling easier.

The KEVI furniture castor is in general a fine example of sensible construction, good choice of materials and design in the best traditions of Danish furniture art.

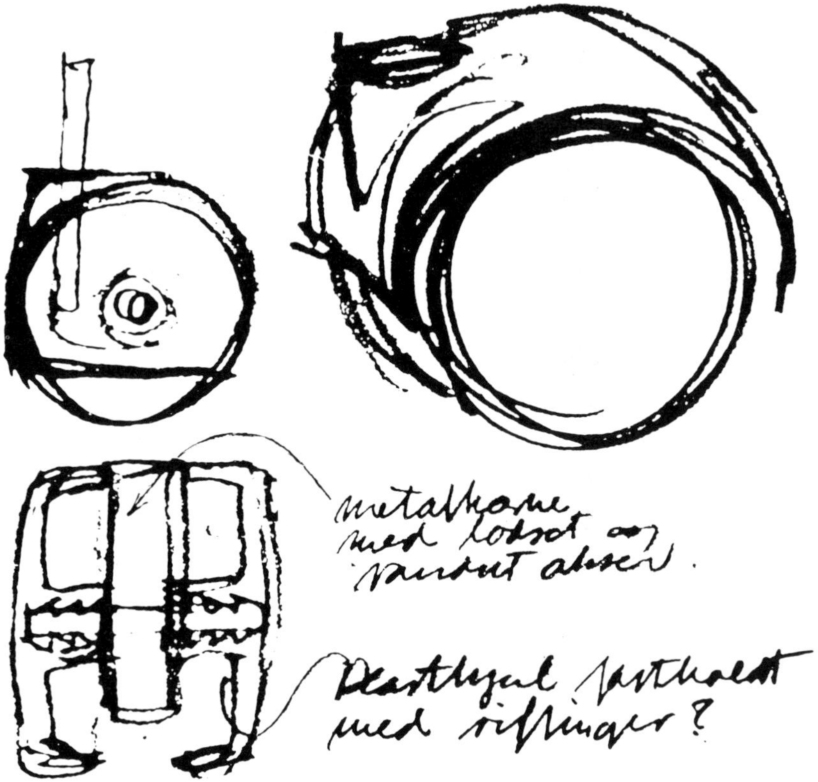

1969

Produkt/Product:
Afskærmet møbelrulle
Furniture castor

Design:
Jørgen Rasmussen MAA

Producent/Manufacturer:
KEVI A/S

Navn/Name:
Ebbe Finderup, 1938

Titel/Title:
Direktør/Director

Firma/Company:
Flexplan A/S

Nu er damplokomotiverne væk. Snart vil gamle drenge fortælle deres børnebørn om hine prægtige maskiner, om deres kæmpehjul, stempelstænger og pulsende røg, som er ved at være historie.

En gravemaskine har lidt af lokomotivets letfattelige funktionspræg. Magtfuld teknik i stort format. Men der ligger et langt skridt i tid og teknik mellem fortidens »gravko« med raslende trisser og tandstænger og den moderne gravemaskine, som let og hurtigt flytter tonstunge jordmasser ved hydraulisk kraft.

Soilmaster gravemaskinen er et godt eksempel på moderne entreprenørmateriel. Den er let og kraftig; i henseende til effekt og styrke ligger den i spidsen i sin vægt- og prisklasse. Formen er helstøbt og muskuløs; den virker umiddelbart tillidvækkende. En fin illustration af værdien af god design indenfor den sværindustrielle produktion.

The steam locomotive is a thing of the past now. Before long old boys will tell their grandchildren about those wonderful machines, their huge wheels, their pistons and the surge of smoke and steam that is becoming a part of history.

An excavator has something of the obvious appearance of function characteristics of the locomotive. Huge, powerful machines both. But there is a wealth of time and technology between the old steam shovel of the past, with its rattling chains and steamy breath, and the modern excavator that can move tons of earth by hydraulic power.

The Soilmaster excavator is a fine example of modern contracting equipment. It is light but powerful, close to the top of its class in power and effect. Harmonious and husky in form, it inspires confidence by its very appearance. A good example of the importance of design in heavy industry products.

Brüel & Kjærs kondensatormikrofoner er finmekanik på meget højt plan.

Mikrofonerne benyttes ved analyse af lyd og andre trykvariationer i luft. Svingningerne måles som kapacitetsændringer i en kondensator, der dannes af mikrofonens membran og en modelektrode.

Membranen fremstilles ved elektrolytisk udfældning i en tykkelse af 1-3 my, og afstanden mellem denne og modelelektroden er ca. 1/100 mm. Alle de mekaniske dele er sammensat ved hjælp af fjederkræfter, således at mikrofonen vil bevare sin følsomhed nogenlunde uforstyrret af rystelser eller temperaturændringer.

Disse mikrofoner, der fremstilles i størrelser helt ned til 3 mm Ø, anvendes af videnskabsmænd i hele verden og er bl.a. blevet landsat på månen.

The Brüel & Kjær condensor microphones are precision workmanship of a very high level.

The microphones are used to analyse sound and other pressure variations in air. The variations are measured as changes in the capacity between the microphone's membrane and back plate.

The diaphragm is made by electrolysis to a thickness of 1-3 my, and the distance between diaphragm and back plate is about 1/100 mm. All mechanical parts are springmounted, allowing the microphone to retain sensitivity undisturbed by vibrations or changes in temperature.

These microphones, which are made in sizes down to 3 mm diameter, are used by scientists all over the world, and have even been landed on the Moon.

1969

Produkt/Product:
Soilmaster HSM-G6
gravemaskine/excavator

Design:
Ebbe Finderup

Producent/Manufacturer:
Helsingør Skibsværft
& Maskinbyggeri A/S

Produkt/Product:
Målemikrofoner 1/8″-1″
Calibrated Microphones 1/8″-1″

Design:
Gunnar Rasmussen (Brüel & Kjær)

Producent/Manufacturer:
Brüel & Kjær A/S

Navn/Name:
Per V. Brüel, 1915

Titel/Title:
Fabrikant, dr.techn.
Manufacturer, dr.techn.

Firma/Company:
Brüel & Kjær A/S

Per V. Brüel:
Produktudvikling er tit et spørgsmål om at se en mulighed i et problem. Da vi startede firmaet Brüel & Kjær for snart 40 år siden, var der ingen, der interesserede sig for støj og spektakel. Idag er måling af lyd en industri.

Design-mæssigt er vi favoriserede. Det, vi laver, skal ikke nødvendigvis kunne sælges for meget få penge. For måleinstrumenter som vore er funktionen og kvaliteten langt vigtigere end prisen. Og så er der jo råd til at gøre tingene færdige.

For 30 år siden lagde vi os fast på en farve for vore produkter og på en standard for udformningen af betjeningsgreb og tekst. Det var før man talte om design-programmer; vi gjorde det bare.

Jeg er ikke sikker på, at vi ville have valgt den grågrønne Brüel & Kjær farve, hvis vi skulle gøre valget om. Men idag kan vi ikke ændre den, denne specielle farve er i branchen blevet synonym med kvalitet; mange af vore nye konkurrenter anvender den på deres produkter. Design er somme tider også et spørgsmål om *ikke* at ændre identitet, om at blive ved med at være den, de andre sammenligner sig med.

Vi bevæger os imellem teknikere og videnskabsmænd, som man skulle tro kun var interesserede i, hvad tingene kunne, og blæste på, hvordan de så ud. Men sådan er det ikke. Design er vigtig også i den tekniske industri.

God design er et spørgsmål om at få ergonomi, udseende og måden af fabrikere på til at gå op i en enhed. Og så er der jo det mærkelige ved det, at der er tale om modstridende ønsker. Det, som er virkelig fornuftigt både fra et produktionsmæssigt og betjeningsmæssigt synspunkt, det er også pænt.

Der er en sammenhæng mellem et produkts design og dets tekniske kvalitet. Tingene stimulerer hinanden. Kunsten er at være foran hele tiden, teknologisk og design-mæssigt, og at forudse, hvad de mennesker, der beskæftiger sig med akustik, vil ønske sig om 20 år.

Per V. Brüel:
Product development is often a question of seeing the potential in a problem. When we started the firm Brüel & Kjær, almost 40 years ago, nobody was interested in noise. Today measuring noise levels is an industry in itself.

Design-wise we are favoured. The things we make do not necessarily have to be sold cheaply. For measuring instruments like ours the function and quality is much more important than the price. And so we can afford to finish things properly.

30 years ago we settled on a colour for our products and a standard for design of controls and text. That was before anyone talked about design programmes. We just set about putting our ideas into practice.

I am not sure we would have chosen the grey-green Brüel & Kjær colour if we were free to choose again. But today we cannot change it. This particular colour has become a synonym for quality in the trade. Many of our new competitors use it for their products. Design is sometimes a question of *not* changing identity, and continuing to be the one the others seek to emulate.

We move between technologists and scientists, who, one might believe, are only interested in what things can do, and not in what they look like. But this is not the case. Design is important in technology too.

Good design is a question of getting ergonomics, aesthetic appeal, and method of manufacture to form a unity. And the strange thing is that these are not conflicting aims. What is really sensible from the point of view of production and function is also attractive to look at.

There is a connection between the design of a product and its technical quality. One thing stimulates another. The art is to be ahead all the time, technologically and design-wise, and to foresee what the people concerned with acoustics will want in 20 years time.

1969

Navn/Name:
Arne Jacobsen, 1902-71

Titel/Title:
Professor, Arkitekt MAA
Professor, Architect MAA

Med Vola armaturserien har firmaet I.P. Lunds Eftf. taget et skridt til at bringe orden i armaturernes kaos gennem en serie vandhaner med tilbehør, som for første gang er tænkt som et system.

Ved hjælp af en række grundelementer kan systemet opfylde alle krav, der stilles til tappesteder med tilbehør i hele huset.

Vola armaturserien er opbygget omkring en ventilenhed, som med eet greb regulerer vandets mængde og temperatur. Ventilen arbejder efter et modificeret membransystem, som er helt nyt.

Ventilenheden kan kombineres med mange forskellige slags udløb: svingtud, hovedbruser, telefonbruser etc. Udformningen er forenklet indtil det raffinerede.

By introducing the Vola series of bathroom fittings, I.P. Lunds Eftf. have tried to put some order in the chaos of fittings via a series of taps and accessories that were, for the first time, planned as a system.

A number of basic units combine to meet all the requirements for plumbing fixtures of a modern home.

The Vola series is constructed around a tap unit that has one control to adjust both flow and temperature of water. The tap unit uses a completely new modification of a membrane system.

The tap unit can be combined with many faucets, a swing extension, large and small shower attachments, and other details. The design is refined in its simplicity.

1969

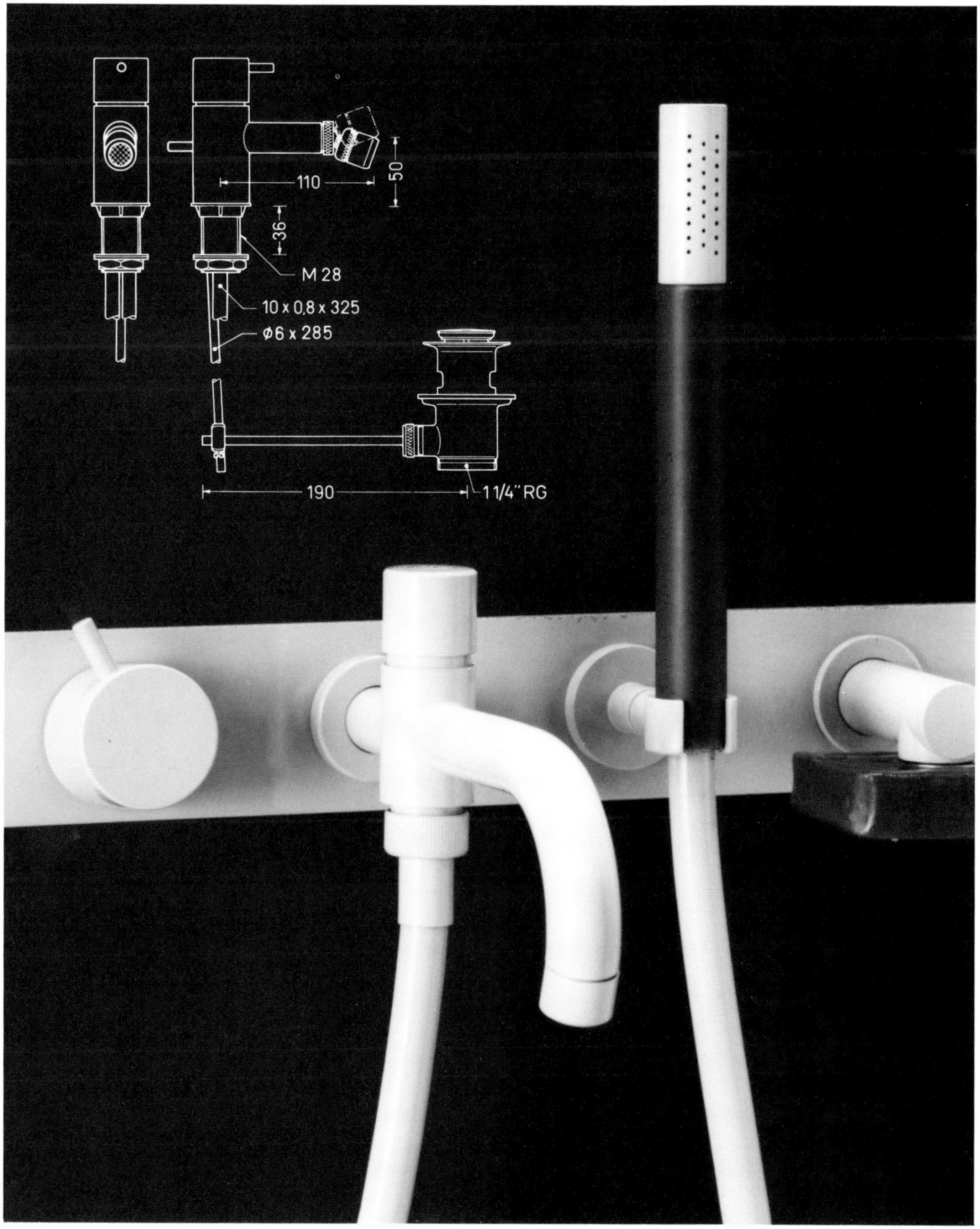

Produkt/Product:
Vola sanitetsarmaturer
Vola bathroom fittings

Design:
Arne Jacobsen MAA
Teit Weylandt MAA IDD (assistant)

Producent/Manufacturer:
I.P. Lund Sanitetsarmaturer A/S

Navn/Name:
Jacob Jensen, 1926

Titel/Title:
Designer

Med Beolit 600 har Bang & Olufsen A/S skabt nye normer for konstruktionen og udformningen af transistorradioer. I opbygning, detaljering og finish følger Beolit 600 den samme rene linie, der præger firmaets øvrige produkter. Radioen er let at betjene; de få greb er klart og overskueligt disponeret. Løsningen af skalaindikationen ved hjælp af magnetiske stålkugler er både morsom og elegant. Aggregatet er kompakt og let, men har i forhold til sin størrelse en overraskende god tonekvalitet.

Det skal især påskønnes, at B&O har tilstræbt et ægte kvalitetspræg indenfor en varegruppe, der normalt udmærker sig ved et vist simili-præg.

With its introduction of the Beolit 600, Bang & Olufsen A/S has created a new standard for the design and form of transistor radios. The layout, design details and finish of the Beolit 600 echo the familiar uncluttered lines of the company's other products. The radio is simple to use; its few controls are clearly marked and logically grouped. Its use of magnetic steel balls for frequency indication is an interesting and elegant idea. The radio is compact and light but, considering its size, it offers a surprisingly good audio quality.

It is particularly commendable that B&O has aimed for quality in a product category otherwise noted for uniformity.

ER tavlesystemet repræsenterer i teknisk, brugsmæssig og miljømæssig henseende et stort fremskridt i forhold til tidligere løsninger af denne opgave. Betjeningen er nem, og antallet af faremomenter er reduceret til et minimum. Modulopbygningerne, monteringssystemet og udformningen af de enkelte detaljer virker umiddelbart overbevisende.

I detaljer og som helhed virker systemet æstetisk tiltalende på den måde, der kendetegner velkonstruerede tekniske produkter.

From the technical, functional and environmental point of view the ER switchboard system is a marked improvement on existing solutions to this particular problem. Operation is simple, and the number of danger factors has been reduced to a minimum. The modular construction, the installation system and the design of individual details radiate an air of conviction.

In its details and overall appearance the system has the kind of aesthetic appeal that signals well-designed technical products.

1970

Produkt/Product:
Beolit 600 radio

Design:
Jacob Jensen + B&O

Producent/Manufacturer:
Bang & Olufsen A/S

Produkt/Product:
ER stationstavler
ER station signal boards

Design:
Peter Dynnesen

Producent/Manufacturer:
E. Rasmussen Industri A/S

Mini-Master kranen er elegant i konstruktion og form. Anvendelsen af firkantede stålrør er gennemført på en teknisk og formmæssig tiltalende måde. Når kranen er sammenfoldet, danner den en sluttet, enkel form, som er fri for farlige og skæmmende fremspring, og som er let at renholde udvendigt. Delelinien mellem kransens to halvdele danner et smukt og naturligt ornament.

Mini-Master vil formentlig have et betydeligt marked, fordi den er let at flytte, enkel at betjene, pæn at se på.

The Mini-Master crane has a stylish design and form. The designer has used sectional steel tubing in a technically efficient and, from the design standpoint, attractive manner. In its folded position the crane presents a compact, simple form which has neither dangerous nor ugly projections and which lends itself to easy external maintenance. The line dividing the two halves of the crane is an attractive and natural decorative detail.

The Mini-master will probably have a wide market appeal because it is easy to transport, easy to operate and has a pleasant appearance.

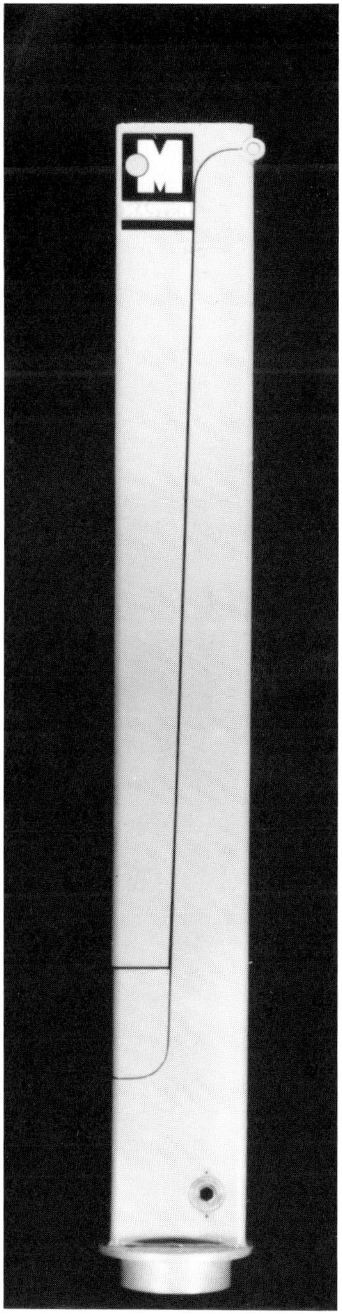

Produkt/Product:
Mini Master hydraulisk læssekran
Mini Master hydraulic loading crane

Design:
Ole Miang Export

Producent/Manufacturer:
Ole Miang Export Ltd.

Navn/Name:
Peer Bruun, 1924

Titel/Title:
Arkitekt/Architect MAA

Firma/Company:
Peer Bruun Handels- og Konsulentfirma ApS

Flipper jollen blev skabt i 1968 for at dække behovet for en overgangsjolle mellem optimistjollen og større bådtyper.

Flipperens skrog er udført i fiberglas som en scowtype med bredt for- og agterparti. Det støbes i to halvdele, som samles ved ræling og cockpitbund. Udover storsejl og fok kan Flipperen leveres med en lille bred spiler. Sværd og ror er fremstillet af 6 mm aluminiumplade.

Båden er udstyret med bailere, der tager røgvandet ud under sejlads. Den er synkefri og vil selv efter eventuel beskadigelse holde sig flydende, idet der under for- og agterdæk er placeret 150 l styrofoam.

Med Flipperen er der skabt en jolle, der er let og stabil og dog hurtig. Båden udgør æstetisk et smukt hele, og juryen har fundet det særligt prisværdigt, at unge kan reducere den i forvejen meget lave pris ved selv at medvirke ved bygningen af flipperen.

The Flipper dinghy was designed in 1968 to meet the need for an intermediate craft between the Optimist dinghy and larger boats.

The Flipper's fibreglass hull is of the scow-type – with a broad stem and stern. It is moulded in two halves, which are assembled at the rail and the cockpit floor. In addition to a main sail and genoa, the Flipper can carry a small, wide spinnaker. The centreboard and rudder are in 6-mm sheet aluminium.

The boat is equipped with self-bailers. She is unsinkable and will stay afloat even after sustaining damage: there are 150-litre blocks of buoyancy material under the fore and aft deck.

The Flipper designers have produced a lightweight craft which is stable but fast. She has an inherent aesthetic beauty, and the jury considers it praiseworthy that young people can reduce the already low price still further by purchasing the Flipper as a do-it-yourself kit.

1971

Produkt/Product:
Flipper jolle/dinghy

Design:
Peer Bruun MAA

Producent/Manufacturer:
Peter Bruun ApS

Navn/Name:
Nils Fagerholt, 1933

Titel/Title:
Professor, Arkitekt MAA IDD
Professor, Architect MAA IDD

Firma/Company:
Nils Fagerholts Tegnestue

Pejs 1 tegnet af Nils Fagerholt har i de sidste 10 år sat sit præg på markedet for præfabrikerede pejse. Selv om der således ikke er tale om et nyt produkt, har juryen ønsket at anerkende pejsens helt enestående kvaliteter af brugsmæssig og æstetisk art.

Pejs 1, der er beregnet til ophængning på væg, er udført af 2 mm stålplade og udmuret med ildfaste klinker. Pejsen er vedligeholdelsesfri og forsynet med drejespjæld og indvendigt varmeskjold til beskyttelse af pejsekappen og forhindring af røgudslag. Pejsen bryder på overbevisende måde med nostalgiske traditioner og fremtræder i sin ærlighed som et naturligt element i et moderne boligmiljø.

Monteringssættet, der følger med pejsen, er præget af den samme omtanke som det øvrige produkt.

Fireplace 1, designed by Nils Fagerholt, has succeeded in the past decade in influencing the market for prefabricated fireplaces.
So although this is not a new product, the jury wants to acknowledge its outstandingly functional and aesthetic qualities.

Fireplace 1 is designed for wall-mounting and is executed in 2-mm steel plate, lined with firebricks. The fireplace requires no maintenance and is equipped with a swivel-type damper and internal heat shield to protect the front plate from overheating and to prevent smoke from blowing back into the room.
The fireplace is clearly a break with nostalgic tradition, and with its unpretentious style it is a natural element in a modern domestic setting.

The same care has been spent on the installation kit supplied with the fireplace as on the rest of the product.

Ole Palsby A/S har på få år etableret sig som en faktor på markedet for gastronomisk rigtigt køkkenværktøj, dels som mellemhandler og dels som producent. Det prisbelønnede grill program danner et foreløbigt højdepunkt på den sidste del af Ole Palsbys virksomhed.

Grill programmet, der består af 5 grills, et mekanisk spid og et system af betonelementer, udgør en æstetisk og brugsmæssig helhed af høj kvalitet. De enkelte elementer udmærker sig ved en hensigtsmæssig dimensionering og en elegant detaljering.

En velgennemtænkt produktionstilrettelægning gør, at programmets elementer kan sælges til konkurrencedygtige priser. Det gælder specielt camp grill'en, hvormed man på det samme høje kvalitetsniveau som det øvrige program har skabt en grill til en pris, der bryder med alle forestillinger om, hvad en støbejernsgrill koster.

In the course of just a few years Ole Palsby A/S has become an important factor in the market for gastronomically right kitchenware; the company acts as both distributor and manufacturer. The prize-winning range of barbecue grills is the latest success in the company's role as manufacturer.

The barbecue range comprises five grills, a mechanical spit and a number of concrete components, these units combining to form an aesthetic and efficient system of high quality. Individual units have sensible proportions and elegance of detail.

Careful production planning has ensured that all units in the system can be marketed at competitive prices. This is particularly true of the camp grill; maintaining the same high level of quality as in the rest of the range, the manufacturer has succeeded in creating a grill which radically alters the popular impression of what a cast-iron grill should cost.

1971

Produkt/Product:
Pejs No 1
Fireplace No 1

Design:
Nils Fagerholt MAA IDD

Producent/Manufacturer:
Cubus Industriel Design Denmark A/S

Produkt/Product:
Ole Palsby grill

Design:
Karsten Ravn MAA IDD
Lars Lundquist MAA IDD

Producent/Manufacturer:
Ole Palsby A/S

Anvendelsen af højspændingsisolatorer under ørkenforhold byder på et specielt problem i form af sandaflejringer, der bindes af tåge og dug om natten. Aflejringen bevirker, at de ribber, der normalt anbringes på undersiden af isolatorernes skærme for at forlænge krybeafstanden, ikke virker efter hensigten.

Norden A/S har med sine Aeroform isolatorer løst dette problem. Disse isolatorer har en aerodynamisk udformning af skærmene, der giver vinden ringe modstand og som forhindrer, at det støv, som vinden fører med sig, lægger sig på isolatoren.

Aeroform isolatorerne er fremstillet af Supralox masse, der har en høj mekanisk styrke, og en glasur med meget glat og jævn overflade, som yderligere medvirker til at holde isolatorerne rene.

Aeroform isolatorerne, der i dag kan ses i ørkenområder i store dele af verden, er et skoleeksempel på, hvordan en virksomhed ved nytænkning i produktudvikling uden støtte i et hjemmemarked kan skabe sig succes i det fremmede.

A special problem encountered with high-tension insulators in desert conditions is that sand deposits on the insulator where fog and dew cause it to cake. As a result of these deposits, the ribs normally located on the underside of the insulator shield to increase the leakage gap do not work as intended.

With introduction of the Aeroform insulator Norden A/S has solved the problem. The aerodynamic shape of the shield on the new insulator offers the wind little resistance, thus discouraging dust and sand particles form depositing on the insulator surface.

Aeroform insulators are made of Supralox, a material of high mechanical strength, and are glazed to produce a very smooth surface, which also helps keep the insulator clean.

Aeroform insulators are used in desert areas in many parts of the world and are a textbook example of how a company can adopt a fresh approach in its product development – and earn deserved success in the open market, even without the support of home-market sales.

1971

Produkt/Product:
Aeroform højspændingsisolator
Aeroform high tension insultators

Design:
Norden

Producent/Manufacturer:
Porcelænsfabriken Norden A/S

Navn/Name:
Erik Magnussen, 1940

Titel/Title:
Keramiker/Ceramist

Firma/Company:
Erik Magnussen Design ApS

Hank er et hverdagsstel af porcelæn med enkelte dele udført i glas og melamin.

Stellet er først og fremmest funktionelt Det virker gennemtænkt i alle detaljer. Enkeltdelene kan ikke blot stables indbyrdes til opbevaring, men også portionsvis i forbindelse med servering; denne sidste egenskab gør det, sammen med stellets robusthed f.eks. i opvaskemaskine, også velegnet til institutionsbrug. Delenes antal er reduceret til et minimum; det gør stellet billigt i anskaffelse.

I det ydre fremtræder Hank i en klar og enkel form, en naturlig og diskret baggrund for et godt måltid.

Hank is a porcelain service for everyday use with one or two of its pieces in glass and melamine.

The service is primarily functional. It has the look and feel of being carefully planned in every detail. Its individual pieces not only stack for storage but portions can also be stacked in connection with serving; this latter feature, combined with the service's general sturdiness (e.g. in a dishwasher), makes Hank eminently suitable for institutional use. The number of parts has been kept to a minimum, making the service cheap to purchase.

Hank has a clear-cut, simple shape. A natural and discreet background to an enjoyable meal.

1972

Produkt/Product:
Hank porcelæn/porcelain

Design:
Erik Magnussen

Producent/Manufacturer:
Bing & Grøndahls
Porcelænsfabrik A/S

Navn/Name:
Erik Magnussen, 1940

Titel/Title:
Keramiker/Ceramist

Firma/Company:
Erik Magnussen Design ApS

Erik Magnussen:
Det er den måde man omgås ting på, der interesserer mig. Hvad forlanger man af dem? Nogen forlanger, at tingene skal skabe stemning, at de skal være hyggelige. Jeg tror ikke meget på at *oplevelsen* kommer fra en tings udseende, det gør den selvfølgelig også, men så kommer den indefra, fordi man forstår, hvorfor tingene er lavet sådan.

Jeg er både ord- og talblind, så jeg havde ikke så meget at vælge imellem. Jeg har altid godt kunnet lide at arbejde med ting, at male og tegne.

De fleste af de ting, jeg har lavet, er blevet til, fordi det var noget, jeg selv stod og manglede. Så har jeg prøvet at få nogen til at producere dem, og så blir det jo til industri-design.

F eks har jeg for mange år siden lavet et porcelænsstel, fordi jeg kom på et hotel og skulle have en bakke op på værelset. Og så ankom damen med en enorm bakke med et sammensurium af porcelæn, som ikke passede sammen og ikke kunne stables, bare for at servere et ret beskedent måltid. Det syntes jeg var interessant at sætte orden på. Så det gav ideen til at lave et komprimeret stel, der kunne stables med koppen ovenpå æggebægeret, så ægget holdes varmt, osv.

Jeg arbejder alene. Jeg skal ikke have nogen medtegnere. Det overblik, der skal være over tingene, vil jeg gerne selv have og så kæde det sammen med nogen, der kan noget andet, ham der laver værktøjet, ham der skal sælge. Det er inspirerende og udviklende for alle parter og Danmark er et specielt land på det område, tror jeg. Vi sidder inde med fantastisk stor viden på små virksomheder. *Pi*

Erik Magnussen:
It is the way one lives with things that interests me. What does one want? Some people require things to create atmosphere, to create comfort. I don't really think that the experience comes from the appearance of a thing – although of course in part it does, but it comes from inside, because one understands why the object is made in such a way.

I am dyslexic with regard to both words and figures, so I didn't have much choice. I have always liked working with things, painting and drawing.

Most of the things I have made have come about because there was something I myself felt to be lacking. So I have tried to get someone to produce it – and so it becomes industrial design.

For example, many years ago I made a set of china crockery, because I had been at a hotel and asked for at tray to be sent up to my room. A lady arrived with a huge tray with a collection of china which did not match and could not be stacked, just to serve a very modest meal. I thought it would be interesting to create some order out of this. It was this that gave me the idea of making a matching set which could be stacked with the cup on top of the egg-cup so that the egg could be kept warm, etc.

I work alone. I don't want any fellow draftsmen. The comprehensive view that is needed I like to develop myself, and then to link it up with someone who can do something else, the toolmaker, the salesman. It is inspiring and stimulating for all parties, and in this area I think Denmark is a special country. We have a fantastic amount of know-how in small concerns.

1972

DSB

Navn/Name:
Niels Hartmann, 1931-78

Titel/Title:
Grafiker/Graphic Designer IDD

Micro Matic synkronkontakture og lysrelæer tjener begge til at slutte/bryde elektriske kredsløb, f.eks. belysningsanlæg, efter en bestemt plan. Synkronkontakturet gør det på forudvalgte tidspunkter, lysrelæet gør det ved hjælp af en indbygget lysfølsom modstand, der registrerer daglysets styrke. Synkronkontakturet leveres med indbygget gangreserve, der sikrer at uret fungerer uanset strømsvigt på op til 18 timer.

Begge instrumenterne udmærker sig ved et fint materialevalg og en klar og enkel form. De grafiske angivelser er præcise og letforståelige (kun symboler og tal er anvendt), og apparaternes finish understreger, at der her er tale om præcisionsinstrumenter, der kan fæstes lid til.

Micro Matic synchronous timers and light relays can both make and break electric circuits. For example, lighting systems according to a specific time pattern. The synchronous timer does this at preset times, the light relay does it by means of an integral light-sensitive resistor capable of registering the intensity of daylight. The synchronous timer is supplied complete with a standby function which keeps the timer operating for up to 18 hours in the event of power failure.

A fine choice of materials was made for both instruments, and their shape is clean and simple. The graphic legend is precise and readily comprehensible (only symbols and digits are used), and the product finish underscores the impression of precision instruments to be trusted.

Navn/Name:
Jacob Jensen, 1926

Titel/Title:
Designer

Beogram 4000 er et fuldgyldigt eksempel på den konsekvente produktpolitik, der allerede tidligere har skaffet B&O ID prisen.

Beogram 4000 minder som B&O's øvrige produktion meget lidt om fortidens tonemøbler, men honorerer på en tidssvarende måde funktionelle og æstetiske krav.

Den iøjnefaldende nyskabelse er det tangentielle pick-up system, der består af 2 arme: Pick-up armen og detektorarmen, hvoraf den sidste ved hjælp af lysstråler styrer den parallelførte pick-up, der nøjagtig følger pladens radius. Dette system eliminerer sidekræfter, og afspiller pladen på samme måde, som den er indspillet.

Ved udformningen hæfter man sig især ved det overskuelige og selvforklarende betjeningssystem samt lågets hængsling, der ikke kræver ekstra plads bag pladespilleren.

The Beogram 4000 is a thoroughbred example of the consistent product policy that has won B&O the ID Prize on earlier occasions.

Like so many other B&O products, the Beogram 4000 bears little resemblance to audio furniture of the past but respects contemporary functional and aesthetic standards.

The most prominent innovation is the tangential pick-up system comprising two arms: the pick-up arm and the detector arm, the purpose of the latter being – with the aid of beams of light – to control the parallel motion of the pick-up which follows precisely the radius of the record. This system eliminates lateral forces and in fact plays the record in the same manner in which it was recorded.

The design is notable for its uncluttered layout, the clarity of its operating controls, and the fact that the hinge arrangement on the cover obviates the need for extra space behind the record-player housing.

1972

Produkt/Product:
Mikro Matic kontaktur/time switch +
skumringsrelæ/photo electric relay

Design:
Jan Trägårdh MAA IDD
Niels Hartmann IDD (graphics)

Producent/Manufacturer:
Micro Matic A/S

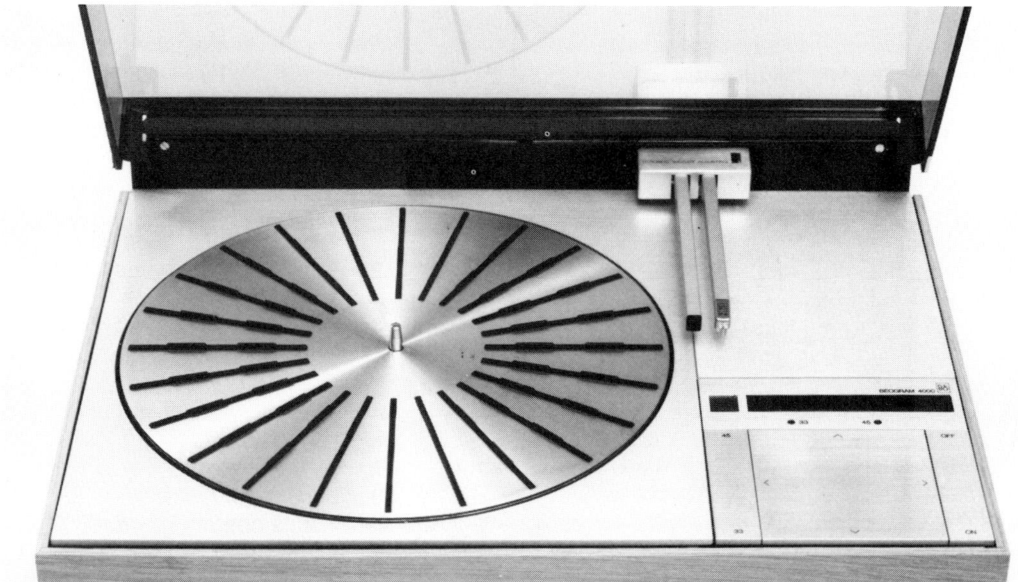

Produkt/Product:
Beogram 4000 grammophone

Design:
Jacob Jensen

Producent/Manufacturer:
Bang & Olufsen A/S

Navn/Name:
Bjarne Bo Andersen, 1943

Titel/Title:
Designer

Firma/Company:
BBA Design Enterprise A/S

Nervus spændingsgiver til elektriske hegn repræsenterer en produktudviklingsindsats på et område, der normalt er forsømt i designmæssig henseende.

Spændingsgiveren, hvis opgave er – ved hjælp af et batteri – at levere strømstød til et elektrisk hegn, består af et kabinet med tilhørende elektriske kredsløb, afbryder og kontrollampe. Kabinettet, der fremstilles i polyurethanskum, honorerer de nødvendige krav om robusthed, herunder vejrbestandighed samt let betjening og transport.

Kabinettets gule farve har en signalvirkning, der gør det let at lokalisere apparatet i terrænet.

Nervus spændingsgiver er fuldtransistoriseret, hvilket bl.a. minimerer slitage og forøger driftssikkerheden.

The Nervus voltage generator for electric fences represents a venture in product development in an area in which design is normally a forgotten phenomenon.

The generator, which is required (with the aid of a battery) to supply a pulse current to an electric fence, comprises a cabinet, an electric circuit, switch and indicator lamp. The cabinet is made of polyurethane foam and satisfies the essential need for strength, weather resistance and ease of transport and operation.

The yellow colour of the cabinet has a signal effect, making it easy to locate in the field.

The Nervus voltage generator is fully transistorised, reducing wear-and-tear and increasing operational reliability.

Soilmaster-dumperens formål er i vilkårligt terræn at transportere jord, sten, malm eller lignende materialer, samt sekundært at komprimere udlagte materialer i forbindelse med kørslen. Dumperen læsser op til 24 tons eller 15m^3

Konstruktionsmæssigt er dumperen karakteriseret ved ens hjulbelastning på de 4 lige store hjul samt ved 4-hjuls træk. Dumperen unddrager sig ifølge sin natur spidsfindige æstetiske betragtninger – den virker først og fremmest overbevisende på grund af sin helstøbte konstruktion og elegante tekniske opbygning.

Soilmaster-dumperen har i praksis vist sig konkurrencedygtig på et marked, der ellers domineres af udenlandske gigantforetagender.

The purpose of the Soilmaster dumper is to travel across any surface, transporting soil, stones, ore or similar material – and secondarily to compact materials spread on a driving surface. The dumper can carry a load up to 24 tons or 15 m^3.

The dumper places a uniform load on each of its four equal-sized wheels and is powered by four-wheel drive. By its very nature the dumper rejects any observations on finer aesthetic qualities; its strength lies literally in the homogeneity of its design and the elegance of its technical construction.

The Soilmaster has proved its competitiveness in a market otherwise dominated by foreign conglomerates.

1972

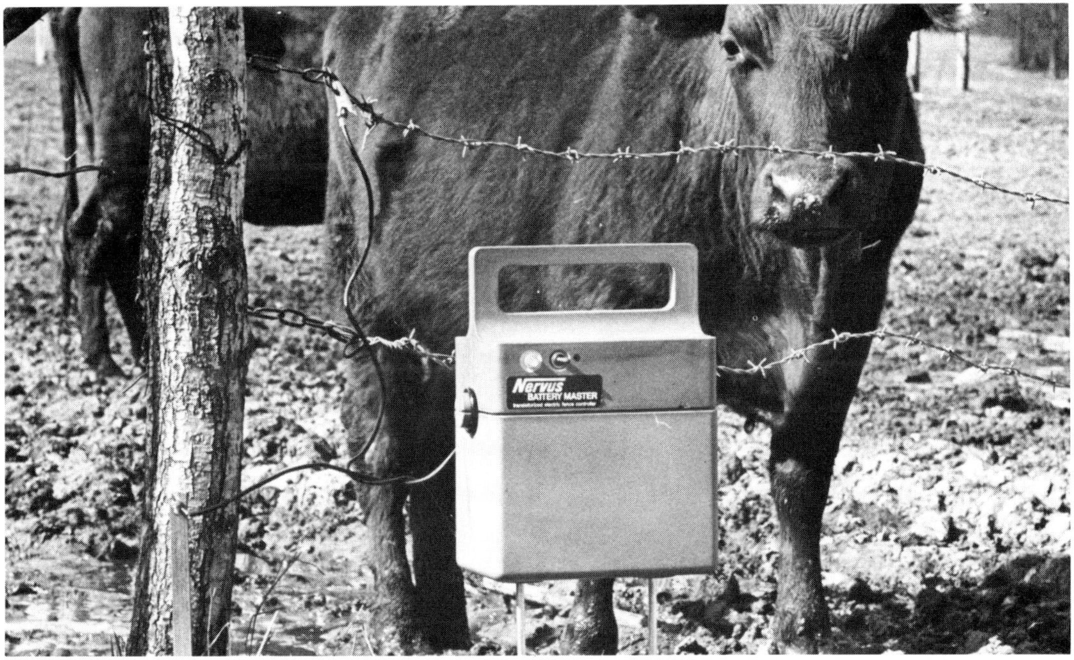

Produkt/Product:
Nervus spændingsgiver
Nervus power supply

Design:
Bjarne Bo Andersen

Producent/Manufacturer:
Reofon A/S

Produkt/Product:
Soilmaster dumper HSM-DIS

Design:
Ebbe Finderup

Producent/Manufacturer:
Helsingør Skibsværft
& Maskinbyggeri A/S

Navn/Name:
Kjeld Lehmann, 1931

Titel/Title:
Konstruktør/Designer

Firma/Company:
Danfoss A/S

Med statisk frekvensomformer type VLT5 har Danfoss udnyttet den moderne halvlederelektroniks muligheder til at gøre standard asynkronmotorer trinløst variable i omdrejningstal.

Der ligger et betydeligt og anerkendelsesværdigt forskningsarbejde bag dette projekt. I det ydre fremtræder frekvensomformeren som et relativt neutralt og på trods af de nødvendige køleribber nogenlunde let renholdeligt stykke inventar til det industrielle miljø.

I det indre er frekvensomformeren præget af orden og overskuelighed, der letter justering, service og eventuel fejlretning.

In developing the static frequency transformer, type VLT5, Danfoss has exploited the potential of modern semi-conductor techniques to make the speed of the standard asynchronous motor infinitely variable.

This product represents a vast and praiseworthy research effort. In its outer design the frequency transformer is relatively neutral and, despite its necessary cooling ribs, it is a fairly easily cleaned piece of industrial equipment.

The internal layout of the transformer is clear and orderly, facilitating adjustment, service and any necessary repairs.

Navn/Name:
Henning Andreasen, 1923

Titel/Title:
Designer MAA IDD

Firma/Company:
Henning Andreasen Design

Domino-anlægget er et pladekapslet fordelingsanlæg, der fortrinsvis anvendes til fordeling af lavspænding.

Det bygger på et gennemtænkt modulsystem, der sikrer stor fleksibilitet og god pladsudnyttelse. En klar disponering af grafisk information og betjeningsgreb gør det let at orientere sig.

Domino-anlægget er et meget fint eksempel på en koordineret indsats af design- og konstruktionsafdelingerne i en stor industrivirksomhed.

Domino is an enclosed distribution system used primarily for the distribution of low voltage.

It is based on a well-planned modular system which ensures great flexibility and good use of available space. Operation is simplified by the clear application of graphic information and controls.

Domino is a very fine example of the coordinated efforts of the design and technical departments of a large industrial concern.

1973

Produkt/Product:
Statisk frekvensomformer VLT5
Frequency transformer VLT5

Design:
Kastberg-Petersen
Kjeld Lehmann

Producent/Manufacturer:
Danfoss A/S

Produkt/Product:
DOMINO
fordelingsanlæg/distribution plant

Design:
Henning Andreasen MAA IDD

Producent/Manufacturer:
LK-NES A/S

Navn/Name:
Kai Lange, 1933

Titel/Title:
Adm. Direktør/Managing Director

Firma/Company:
GENM A/S

Radicamera er et såkaldt gammakamera, der anvendes ved visse medicinske undersøgelser, bl.a. tidlig detektion af cancer.

Kameraet er sammenlignet med tilsvarende udstyr af andre fabrikater meget betjeningsvenligt. En balanceret konstruktion, hvor kamerahovedets vægt modsvares af en kontravægt, gør, at det meget tunge apparat kan bringes i en vilkårlig position med minimal fysisk indsats og uden brug af servomotorer.

En ved små serier økonomisk opbygning med anvendelse af standardprofiler giver apparatet en stram og ren overflade.

The Radicamera is a gamma camera, used for certain medicinal examinations, including early detection of cancer.

Compared with similar equipment from other manufacturers, the camera is very easy to use. A counterpoise design in which the weight of the camera is balanced by a counterweight permits the heavy instrument to be placed in any position with a minimum of physical effort and without the necessity of powered controls.

Relying on short-run serial manufacture, the design makes economic use of standard sections, which in turn lends the unit an efficient, clean surface.

1973

Produkt/Product:
RADICAMERA 60

Design:
Kai Lange

Producent/Manufacturer:
GENM A/S

Navn/Name:
Poul Kjærholm, 1929-80

Titel/Title:
Professor, Arkitekt MAA IDD
Professor, Architect MAA IDD

Stol nr. 27 er en let lænestol i lamineret birk og ahorn monteret med læderhynder.

Stolen repræsenterer en god videreudvikling af et kendt tema. Den kombinerer på overbevisende måde det konstruktionsmæssige med et tidløst udseende.

I konstruktionen præges stolen af samlingen af over- og underdel, der foregår ved hjælp af såkaldte svingningsdæmpere af hårdgummi. Denne samling virker overbevisende i funktionel som æstetisk henseende. Dansk møbelproduktion af højeste karat.

Chair no. 27 is a light easy-chair in laminated birch and maple fitted with leather cushions.

It represents the mature development of a familiar theme, convincingly combining design and a classic appearance.

A prominent feature of the design is its use of hard rubber vibration absorbers in the junction of top and bottom halves. The joint has a strong functional and aesthetic quality. Danish furniture production at its finest.

Velux vinduet til skrå tage løser en række tekniske funktioner på en overbevisende måde.

Velux GGL er et vippevindue af træ. Ved et enkelt greb i en tværgående gribeliste åbnes en ventilationsklap, der tillader ventilation ved lukket vindue. Ved yderligere træk i gribelisten åbnes vinduet, der på grund af friktion i hængslerne kan fastholdes i en vilkårlig stilling. Ved pudsning svinges ruden 180 grader rundt og fastholdes med en skudrigle.

Velux vinduets neutrale ydre gør det anvendeligt i mange typer byggeri, hvor man ønsker dagslys i rum med skrå tage.

The Velux window, designed for sloping roofs, has a convincing way of performing a number of technical functions.

Velux GGL is swivel-type window. A single pull on a transverse bar opens a ventilation slot, permitting ventilation while the window remains in the closed position. A further pull on the bar opens the window which, on account of friction in the hinges, can be held open at any angle. For cleaning, the window can be swivelled through 180° and secured by a sliding bolt.

The neutral appearance of the Velux window makes it suitable for many types of buildings where daylight is desired in rooms with sloping ceilings.

1973

Produkt/Product:
Stol/Chair No 27

Design:
Poul Kjærholm MAA IDD

Producent/Manufacturer:
E. Kold Christensen A/S

Produkt/Product:
VELUX model GGL
tagvindue/roof window

Design:
VELUX-gruppen

Producent/Manufacturer:
VELUX Ovenlysvinduer A/S

Navn/Name:
Jan Trägårdh, 1931

Titel/Title:
Designer MAA IDD

Firma/Company:
Jan Trägårdh Design

Den prisbelønnede kopimaskine er udviklet i samarbejde mellem Eskofot A/S og Zeuthen & Aagaard A/S (CONTEX A/S) og markedsføres af disse firmaer under hver sit navn.

I teknisk og brugsmæssig henseende repræsenterer kopimaskinen en ægte innovation. Den er kompakt, den kan anbringes hvor som helst, og den er indlysende i sin funktion og betjening.

Kabinettet virker enkelt og sobert i sin helhed, og i sin detaljering. Den foreliggende produktionsteknik er udnyttet på en meget elegant måde.

The award-winning copier was developed as a joint project by Eskofot A/S and Zeuthen & Aagaard A/S (CONTEX A/S) and is marketed by the two companies under their respective names.

In terms of technique and operation the copier breaks new ground. It is compact, can be placed anywhere, and is crystal-clear in function and use.

The cabinet is simple and uncluttered in general and in detail. Existing production methods have been exploited in an extremely attractive manner.

Der er nedlagt en lang række tekniske fornyelser i Storno serie 800 bærbare radiotelefoner.

Blandt andet fremhæves den anvendte tyndfilm-teknik, modul-opbygningen af de elektroniske komponenter, den kompakte antenne samt de praktiske service- og udvidelsesmuligheder.

I udformningen har man taget hensyn til de fleste relevante brugskrav. Konstruktion og materialer i apparathuset forekommer velvalgte udfra tekniske synspunkter.

There are many technical innovations in the Storno Series 800 portable radiotelephone.

These include thin-film technology, the modular construction of the electronic components, the compact aerial, and easy service and expansion.

The design makes allowance for most of the relevant functional reguirements. From the technical standpoint, the design of and materials chosen for the unit housing seem apt.

1974

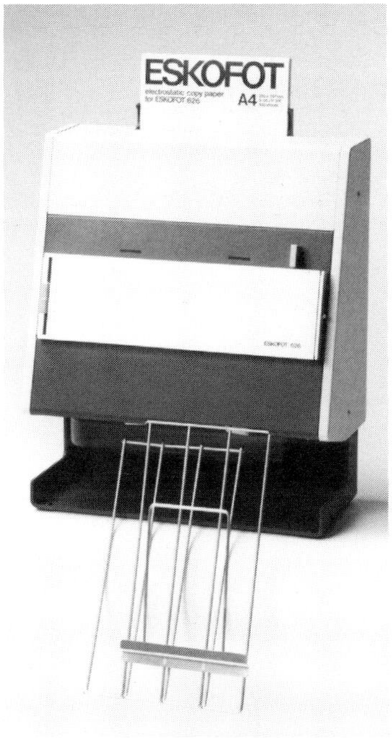

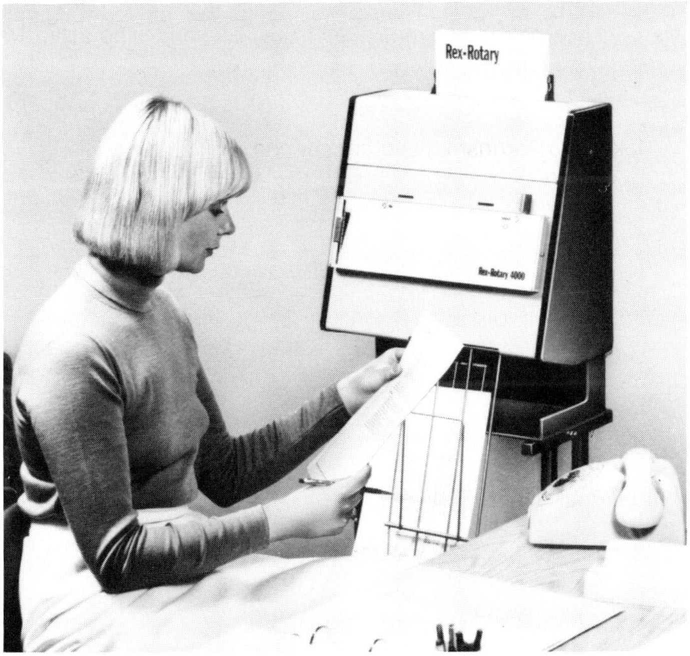

Produkt/Product:
Kopimaskine/copier 626 +
Rex Rotary 4000

Design:
Jan Trägårdh MAA IDD
K.G. Zeuthen

Producent/Manufacturer:
Eskofot A/S +
CONTEX Components &
Business Machines A/S

Produkt/Product:
Serie 800 VHF/UHF
radio telephone

Design:
Storno

Producent/Manufacturer:
Storno A/S

Navn/Name:
Ole Pless-Jørgensen, 1940

Titel/Title:
Designer

Firma/Company:
Ole Pless-Jørgensen

Pipeline serien betegner en fornyelse i udendørsbelysning, ikke blot ved sin form, men også fordi den tager hensyn til fundamentale lystekniske principper: Den oplyser terrænet uden at blænde.

Konstruktionen er robust og vandalsikker. Denne soliditet afspejler sig umiddelbart i lampernes formgivning og materialevalg, som virker djærv og ligetil.

Serien vil være velegnet til industriel fremstilling i store antal.

The Pipeline range represents a refreshing renewal in outdoor lighting not only in its form but also because it accommodates fundamental lighting principles: it illuminates without glare.

The design is sturdy and resistant to vandalism. This ruggedness is immediately apparent in the form and selection of materials. A bold, straightforward product.

The Pipeline range would be suitable for industrial mass-production.

Modulex skiltesystem bygger på en talentfuld udnyttelse af et princip, som oprindelig er udviklet til LEGO-klodsen.

Det er et fremragende eksempel på, hvorledes man udfra en enkel grundidé kan skabe nye produkter med nye anvendelsesmuligheder. Et skoleeksempel på produktudvikling i dette ords mest indlysende forstand.

I den grafiske bearbejdning er det lykkedes at indpasse et klassisk skriftsnit i et fast modulsystem på en sådan måde, at både karakter og læselighed er bevaret. Resultatet illustrerer værdien af et tæt samarbejde mellem produktdesigner og grafiker.

The Modulex sign system is the result of talented use of a principle originally developed for the LEGO building blocks.

An excellent example of how a single basic idea can be reworked to produce new products with new applications. A textbook example of genuine product development.

The selection and use of lettering has enabled a classic typeface to be used in a fixed modular system without destroying its character and legibility. Again a demonstration of the value of close relations between product designer and graphic designer.

1974

Produkt/Product:
Pipeline

Design:
Ole Pless-Jørgensen

Producent/Manufacturer:
Solar Belysning A/S

Produkt/Product:
Modulex skilte/signs

Design:
Jan Trägårdh MAA IDD
Niels Hartmann IDD

Producent/Manufacturer:
Modulex A/S

Navn/Name:
Søren Hugo Andersen, 1933

Titel/Title:
Designer

Firma/Company:
Søren Hugo Andersen

En mejetærsker er en kompliceret maskine, der indeholder mange forskellige funktioner i brug og betjening. Det er lykkedes for Dronningborg Maskinfabrik at bringe funktionel og visuel orden i denne mangfoldighed, samtidig med at man har indført en række praktiske fornyelser i konstruktionen.

Afmontering af høst-aggregatet er meget enkel at udføre. Førerpladsens indretning er overskuelig og ergonomisk gennemtænkt.

Som helhed fremtræder maskinen i en helstøbt og tiltalende form.

A combine harvester is a complex piece of machinery involving the use and operation of many different functions. Dronningborg Maskinfabrik has succeeded in bringing functional and visual order to what can otherwise be technical confusion. At the same time the company has taken the opportunity to introduce several new design features.

The harvester unit can be readily dismantled. The operator's position is arranged clearly, with proper emphasis on ergonomical comfort.

The overall impression created by the harvester is of a solid piece of attractive design.

Fraugde ploven rummer en række værdifulde innovationer, og det er med ploven lykkedes at forene et klassisk markredskab med en formgivning, der umiddelbart giver indtryk af enkelhed og styrke.

Som konstruktion er Fraugde ploven udtryk for både systemteknisk omtanke og æstetisk holdning til helheden. Det er i sig selv en fornyelse, som bør virke til inspiration i landbrugsmaskinbranchen.

There are several valuable innovations in the Fraugde plough, and the plough successfully brings to a classic field implement a design which at once signals simplicity and strength.

The design of the Fraugde plough represents thought carefully invested in its technical system and an aesthetic approach to the overall product. Its very introduction is in itself an innovation which should serve to inspire manufacturers of agricultural machinery.

1975

Produkt/Product:
D 2250
mejetærsker/harvester

Design:
Søren Hugo Andersen

Producent/Manufacturer:
Dronningborg Maskinfabrik A/S

Produkt/Product:
Fraugde plov/plough

Design:
Jens Pedersen (Fraugde)

Producent/Manufacturer:
Plovfabrikken Fraugde A/S

Navn/Name:
Knud Holscher, 1930

Titel/Title:
Professor, Arkitekt MAA IDD
Professor, Architect MAA IDD

Firma/Company:
Knud Holscher/industrial design

Knud Holscher:
Indenfor byggeriet, ja i det hele taget, er det vanskeligt at finde komponenter, der kan sættes sammen til gode sammenhænge. Det at udvikle en serie af brugsting kan godt resultere i, at man er nødt til at give lidt i et hjørne af serien for at opnå helhed og homogenitet.

Det vil sige, at den enkelte ting må afgive lidt på helhedens bekostning. Måske kan man sige, at det er som at addere mange træer sammen til en skov. Skoven er dejlig, men det enkelte træ er ret lig de andre. Men hvis træet står alene, bliver det pragtfuldt og måske meget mere karakterfuldt. Hvis det ydermere får en gang storm fra én side, kan det blive skævt og blive markant i forhold til en bakke. Det kunne måske være et billede på det at tegne en serie i forhold til det at tegne et enkelt produkt.

Man bliver egentlig aldrig nogensinde tilfreds og det er det inciterende ved at være arkitekt. Når jeg ser mine egne huse, og iøvrigt også andres huse, så har jeg det altid sådan, at jeg synes, der er detailler, der skulle være bedre. Sådan ikke i samme grad med design. Der ser du produktet som prototype og model, og du kan rette det til mange gange. Men huse tegner du og afleverer til brugerens forgodtbefindende – det er meget svært overhovedet at finde virkeligt gode huse, der også slides godt til.

Ideen til tingene kommer ikke af sig selv. For mig begynder det med arbejde helst hjemme og i ro. Senere opstår andre situationer i dialogen med medarbejderne. Der kan ske spring i udviklingen, og processen er fængslende, fordi det kan tage uger eller det kan gå hurtigere. Vi arbejder på tegnestuen næsten alt igennem i model, som igen er et igangsættende medie – du kan ændre og prøve muligheder rumligt – du kan bruge foto og hele processen indebærer et fint skift mellem det uforpligtende skitsearbejde og det at se skitsen fotograferet. Fotografiet sprænger målestokken og kan få modellen til at opfattes som bygget realitet. *Pi*

Knud Holscher:
Within the building sector, and in general, it is difficult to find components which can be assembled to form good combinations. Developing a series of products may very well result in making compromises on minor details in order to obtain wholeness and homogeneity.

This means that the individual article must suffer a little for the sake of the whole. Maybe you could say that it is like adding many trees to get a forest. The forest is lovely, but the individual tree is quite like the others. But if the tree stands alone, it becomes marvellous and perhaps has more character. If, furthermore, it is exposed to heavy wind from one side it may become crooked and significant in relation to a hill. This could perhaps serve as an example of designing a series compared to designing one single product.

One is never quite satisfied, and this is what is so intriguing about being an architect. When I look at my own house, and also at other people's, I always feel that there are details that could be improved on. This does not apply to design in the same degree. There one sees the product as a prototype and model, which can be modified many times. But a house is designed and handed over to the consumer who can do with it as he likes. It is very difficult to find really good houses that are also maturing in a pleasant way.

The idea for things do not come out of nothing. For me it begins with work, preferably at home and in peace. Later other possibilities occur in dialogue with the staff. There may be leaps in the development, and the process is fascinating, because it may take weeks or it may go faster. We work in our drawing office on almost everything in model form, which is again a good medium to start things – one can change and test the possibilities in three dimensions – one can use photographs, and the whole process implies a subtle change between the uncommitting work of drafting and seeing the draft on a photograph. The photograph breaks the scale barrier and can make the model seem an already constructed reality.

1975

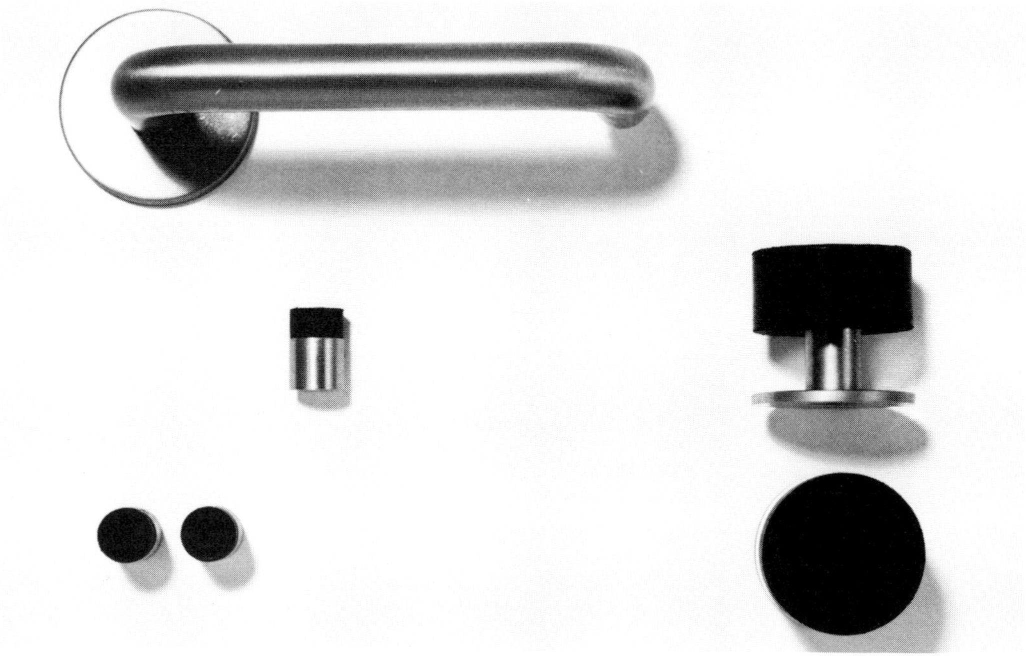

Produkt/Product:
d line

Design:
Knud Holscher MAA IDD

Producent/Manufacturer:
Carl F. Petersen

Den arkitekt eller forbruger, der skal vælge beslag til et hus, er konfronteret med et virvar af valgmuligheder. Karakteristisk for dagens udbud er, at der råder totalt kaos i mål og former.

»d-line« beslagserie løser de fleste forekommende opgaver i byggeriet, og må udfra det anslåede formsprog også kunne udvikles yderligere.

Med denne serie er der tilvejebragt en velordnet kollektion af smukke beslag i en fornem udførelse og til en rimelig pris. Det er første gang i mange år, at man har set et realistisk forsøg på at bringe orden i denne meget krævende og allestedsnærværende form for isenkram.

An architect or householder who has to choose fittings for a home is confronted with a confusion of possibilities. The market is a total chaos of sizes and shapes.

The »d line« series of fittings accommodates most of the requirements that crop up in a building, and there should be ample opportunity to develop the idiom already struck by the designer.

The series offers a well-planned collection of good-looking fittings with a trustworthy finish and at a reasonable price. It is the first realistic attempt for many years to introduce a degree of order into what is a highly demanding and universal form of hardware.

Navn/Name:
Henning Andreasen, 1923

Titel/Title:
Designer MAA IDD

Firma/Company:
Henning Andreasen Design

Firmaet LK-NES har i en årrække produceret afbrydere og stikkontakter, som sammenlignet med tilsvarende udenlandske produkter er af høj brugsmæssig og æstetisk kvalitet. Udenlandske arkitekter har tit givet udtryk for deres beundring for disse små, men uundgåelige elementer i et bolig- og arbejdsmiljø.

Den præmierede afbryderserie repræsenterer et princip, som nok er set før, men som ikke tidligere er blevet gennemdyrket med den konsekvens, som LK-NES har lagt i armaturernes konstruktion, formgivning og markedsføring. Den produktionstekniske løsning er elegant, og det endelige produkt virker sobert i funktion og form. Stikkontakterne har børnesikring.

I en tid, da standardisering og enhedstænkning bliver et stadig mere påtrængende krav på grund af tværnationale normdannelser, er det vigtigt at fremhæve en produktserie som denne som forbillede for nye normer.

For many years LK-NES has been manufacturing switches and wall sockets which have offered a higher degree of functional and aesthetic quality than corresponding products from abroad. Foreign architects have often expressed admiration for these modest but indispensable components in our home and industrial settings.

The prize-winning series of switches represents a principle which, although seen before, has never previously been cultivated with the consistency brought by LK-NES to the design, construction and marketing of such fittings. The method of manufacture has been handled with elegance, and there is a quiet confidence about the function and form of the finished product.

In an age when standardisation and uniformity are made increasingly essential by attempts to form international standards, it is important that a product series such as this should be highlighted as a model for new norms.

1975

Produkt/Product:
Plantangent-series

Design:
Henning Andreasen MAA IDD

Producent/Manufacturer:
LK-NES A/S

Navn/Name:
Nils-Oluf Ehrenskjöld, 1935

Titel/Title:
Fabrikant/Manufacturer

Firma/Company:
GORI as

1976

Nils-Oluf Ehrenskjöld:
Træbeskyttelse var først brunt, så blev det sort, så olivengrønt. Vi gav professor Erik Herløw til opgave at lave en ny farveserie, som markerede husets sammenhæng med naturen, og han kom med ideen til GORI jordfarverne. Det har dannet norm. Naturfredningsforeninger og byplanvedtægter rundt omkring kræver nu, at det skal være de farver, og arkitekterne har taget dem til sig. Denne træbeskyttelseside har bredt sig fra Danmark, og Danmark er idag verdens største eksportør af træbeskyttelsesmidler.

Gennem Erik Herløw mødte jeg Tormod Olesen, som fandt frem til ideen bag vores bomærke, et gammelt kinesisk ideogram, der symboliserer træets krone, stamme og rodnet. Bomærket blev grafisk bearbejdet af Nils Hartmann og blev et af grundelementerne i den design manual, Nils udarbejdede til os. Senere tegnede Tormod Olesen vore bygninger. Sådan er det gået trin for trin.

Man kan anskue en virksomhed ud fra en teoretisk-organisatorisk synsvinkel, som de gør det på læreanstalterne, men man kan også anskue den fra en kunstnerisk, design-mæssig, social *og* teoretisk-organisatorisk synsvinkel. Det er paraplyen over os og det, vi kalder *total-design.* Det, at det hele hænger sammen, er vores ide-grundlag, og det er igen udmøntet i nogle mål, så alle ved, hvad det handler om. Med vores ledelsesform er det ikke de store beslutninger, som er det afgørende, men de mange små beslutninger og den løbende, naturlige revision af virksomhedens mål.

Design er med til at profilere virksomheden eksternt og internt. For at bevare sammenhængen er vi alle samlet i et stort virksomhedslandskab – administration, produktion, forskning. Derfor skal der være gift-, lugt-, støv- og støjfrit. Noget af en opgave med farve- og imprægneringsstoffer. Og ville folk overhovedet sidde der, i ét rum, spurgte eksperterne fra ind- og udland. Vores fraværsprocent er 0,5, hvor 3,5 er det normale andre steder.

Design er også at finde spændende ting, der *ikke* kan lade sig gøre, og så gøre dem. *Pi*

Nils-Oluf Ehrenskjöld:
Wood preservatives were first brown, then black, then olive green. We gave Professor Erik Herløw the job of creating a new colour series to highlight the continuity of building with nature. He responded with the idea for GORI earth colours which are now the trade norm. Environmental organizations and local urban planning bylaws often require that these colours be used, and architects have adopted them. Today Denmark is the largest exporter of wood preservatives in the world.

Through Erik Herløw, I met Tormod Olesen, who came up with the idea behind our logo, an ancient Chinese ideogram, which represents the crown, trunk and roots of a tree. The logo was graphically adapted ny Nils Hartmann and became a basic element in the design manual Nils made for us. Later on, Tormod Olesen designed our buildings. This is the way things have moved step by step.

A company can be considered from a theoretical-organizational viewpoint, as is done in schools of higher learning. It can also be considered from an artistic, design, social *and* theoretical-organizational angle. The umbrella term covering all this is *total design.* The interconnection of all things is our basic idea, and this is in turn reflected in our goals, so that everyone knows where we stand. With our type of management, it is not big decisions which are pivotal, but the many small decisions and natural ongoing revision of the company goals.

Design plays a role in creating the external and internal profiles of the company. In order to maintain continuity, we are all gathered in one large company landscape – administration, production, research. Therefore, it has to be free from pollutants, odour, dust and noise. This is a tall order for a company dealing in colours and wood preservatives. Experts, both domestic and foreign, were dubious about our employees' wanting to be together in one big room. Our absentee rate is 0.5 as opposed to the average other places, 3.5.

Design also means finding exciting things that are impossible and making them possible.

Produkt/Product:
GORI foldepropeller/folding propeller

Design:
Henning Moldenhawer MAA

Producent/Manufacturer:
Gori Marine A/S

Foldepropellere har været kendt i mange år, men der har knyttet sig visse ulemper til hidtidige konstruktioner. Disse ulemper har GORI imødegået på en elegant måde, samtidig med, at man har bibragt propelleren en række helt nye, hydrodynamiske egenskaber.

Skibsskruen hører til de klassiske konstruktioner, som i kraft af deres elementære funktioner næsten ikke kan undgå at appellere til skønhedssansen.

Langt vanskeligere er det at udforme en smuk foldepropeller. Som i de fleste multipurpose redskaber sker der et sammenstød mellem modstridende funktionskrav, hvilket komplicerer opgaven – også i formmæssig henseende.

Imidlertid har GORI også på dette punkt formået at løse opgaven overbevisende, idet propelleren under alle forhold fremtræder helstøbt og shipshape.

Folding propellers have been around for years but earlier designs were troubled by certain basic drawbacks. GORI has eliminated these in fine fashion while giving the propeller a number of new hydrodynamic characteristics.

The ship's screw is one of those classic designs which by virtue of their elementary functions almost inevitably appeal to the sense of beauty.

But the folding propeller is a more difficult object to design beautifully. As with most multiform implements, there is a clash of purpose between the respective forms which complicates the task.

But GORI has done a good job, and from any angle and in any position the propeller retains its shipshape look.

Navn/Name:
David Lewis, 1939

Titel/Title:
Designer IDD

Firma/Company:
David Lewis Industriel Design

GORI påføringsmaskinen løser på enkel vis en opgave, som kendes på utallige byggepladser og i andre træforarbejdende virksomheder: Overfladebehandling af brædder og tømmer med imprægneringsvæske. Et arbejde, som ellers er besværligt, tidsrøvende og sundhedsfarligt, kan nu udføres hurtigt og sikkert, og maskinens prisniveau gør den tilgængelig for selv små håndværkerfirmaer.

Konstruktionen er simpel på grænsen til det spartanske, men det er lykkedes at bibringe maskinen en række fordele i henseende til transport, opstilling og betjening ved hjælp af ganske få midler. Opbygningen er såre ligetil, men materialevalg og udformning vidner om stor omtanke, også for maskinens fremtoning som rekvisit i et arbejdsmiljø. *Pi*

The GORI applicator is the simple answer to a problem familiar to any building site and other places where you handle and process timber: treating planks and boards with preservative. A job that is otherwise messy, time-consuming and hazardous to health can now be done quickly and safely. The low cost of the applicator puts it within reach of even the smallest building firms.

The construction is simple – indeed, spartan – but the machine nevertheless has a number of features to facilitate transport, erection and operation with a minimum of components. The design is uncomplicated but the selection and form of materials indicate deep thought – the result is a good-looking machine that fits well into the industrial environment.

1976

Produkt/Product:
GORI Manuel

Design:
Henning Moldenhawer MAA
David Lewis IDD
Nils Hartmann IDD

Producent/Manufacturer:
GORI as

Navn/Name:
Jacob Jensen, 1926

Titel/Title:
Designer

Med Beomaster 1900 har Bang & Olufsen A/S endnu en gang præsteret at få noget nær maksimal udnyttelse af dansk industris muligheder for at kombinere høj teknisk kvalitet med avanceret design.

Anlægget er – med anvendelse af moderne elektronisk styring og klar adskillelse mellem primære og sekundære funktioner – let at betjene i daglig brug, men tilfredsstiller samtidig den teknisk kritiske forbruger.

Den ydre form er enkel og diskret og således med til at gøre adgangen lettere til et miljø- og smagsmæssigt meget varieret eksportmarked.

Produktets formgivning og finish er upåklagelig. Produktions- og konstruktionsmæssigt er der taget vidtgående hensyn til de økonomiske og arbejdsmæssige vilkår, som dansk industri efterhånden må indstille sig på.

With the Beomaster 1900, Bang & Olufsen A/S has – again – succeeded in getting almost maximum mileage from Danish industry's ability to combine high technical quality and sophisticated design.

The unit – with the aid of modern electronic controls and clear division between primary and secondary functions – is easy to operate while at the same time satisfying the needs of the technically critical user.

As is B&O's style, the outer design is uncluttered and discreet – easing the unit's entry into the export market, which is a patchwork of environmental requirements and taste rangers.

The design and finish are impeccable. As far as manufacture and construction are concerned, every account has been taken of the economic and manpower terms that Danish industry has now to accustom itself to.

Navn/Name:
Sven Dooleweerdt, 1934

Titel/Title:
Designer IDD

Firma/Company:
Sven Dooleweerdt Industriel Design

Columbine vaskemaskinen kombinerer nye konstruktions- og brugsmæssige egenskaber med en forenkling af den ydre form som er befriet for unødvendig pynt.

Der er med Columbinen opnået en høj grad af sammenhæng mellem maskinens udseende og den robuste, daglige anvendelse.

The Columbine washing machine combines new utility features with an effort toward simplifying the exterior and removing all unnecessary frills and »trim«.

The machine's appearance thus plates to its hardworking, everyday purpose.

Produkt/Product:
Beomaster 1900 radio

Design:
Jacob Jensen

Producent/Manufacturer:
Bang & Olufsen A/S

Produkt/Product:
VØ 450 Columbine
vaskemaskine/washing machine

Design:
Sven Dooleweerdt IDD

Producent/Manufacturer:
A/S Vølund

Navn/Name:
Poul Due Jensen 1912-77

Titel/Title:
Fabrikant/Manufacturer

Firma/Company:
Grundfos A/S

På forhånd skulle man ikke tro, at det var muligt at tilføre elektromotorer nye kvaliteter i henseende til design. Stort set har de fundet deres form for mange år siden: Principielt et cylindrisk hus, der omslutter et anker og en drivaksel. Og dermed er formgivningen bundet til de variationsmuligheder, der ligger i detaljering, overfladebehandling og lignende.

Alligevel har Grundfos frembragt en række varianter over temaet, der efter juryens opfattelse hæver dem over gennemsnittet. Forarbejdningen er af høj klasse, bl.a. fordi den tekniske udformning af statorhus og ventilatorskærm er sket under hensyn til den valgte produktionsteknik.

Den skulpturelle behandling af motorens udvendige elementer er udført med sikker hånd. De vanskelige overgange mellem konsoller, kabeldåser, køleribber og afskærmninger er klaret elegant, og som helhed vidner motorerne om stor omtanke for design i dette ords dybeste forstand.

At first glance the design of an electric motor does not leave much room for new thinking. The shape was determined years ago: in principle a cyclindrical housing enclosing an armature and a driveshaft. Thereafter, design is reduced largely to variations in details, surface treatment and so on.

Yet Grundfos has produced a series of variations upon the basic theme that lifts the products above the average. The machining quality is superb, partly because the technical design of the stator housing and ventilator guards has been adapted to the production technique involved.

The sculptural treatment of the motor's external components has been carried out with a sure hand. The tricky junctions of the surfaces of consoles, wiring boxes, cooling slats and guards have been solved well, and on the whole the motor shows an appreciation of design in the deepest sense of the word.

Navn/Name:
Michael Remark, 1941

Titel/Title:
Fabrikant/Manufacturer

Firma/Company:
ONESEAL A/S

Oneseal engangslås til container opfylder på en original og enkel måde sit formål, idet den yder en effektiv aflåsning og plombering af forsendelsen, samtidig med at det komplicerede arbejde med administration af nøgler til hængelåse er elimineret.

Som opfindelse er låsen indlysende simpel, og som konstruktion må den betegnes som elegant, idet materialevalg, form og finish er helt i harmoni med funktionen.

Oneseal, a disposable lock for containers, does its job in original and simple fashion, locking the container and sealing it for shipment, and also eliminating the complicated proccess of administering padlock keys.

Its design is amazingly simple. It is a notable ID Prize winner, its choice of material, form and finish being in perfect harmony with its function.

Produkt/Product:
Kappekølede el-motorer/
San-cooled electric motors +
Normmotorer/Standard motors

Design:
Poul Due Jensen

Producent/Manufacturer:
Grundfos A/S

Produkt/Product:
Oneseal
containerlås/container lock

Design:
Michael Remark

Producent/Manufacturer:
ONESEAL A/S

Navn/Name:
Leif Lautrup-Larsen, 1928

Titel/Title:
Direktør, Civ.ing.
Director, M.Sc.

Firma/Company:
Den Kongelige Porcelainsfabrik A/S

L. Lautrup-Larsen:
Den kongelige Porcelainsfabrik er over 200 år gammel, og hvis ikke vi passer på, bliver det en museumsfabrik. Det er her, design kommer ind i billedet.

Forskellen mellem kunsthåndværk og design ligger i, at for kunsthåndværkeren betyder udseendet, det skønne i tingene, mere end det betyder for designeren. Funktionen, anvendeligheden betyder mest for designeren.

Men måske trækker jeg linierne for hårdt op. I virkeligheden er der ikke megen forskel. Kunstneren skal også være designer og designeren skal også være kunstner.

Vi skal jo leve af at producere og sælge. Det skal kunne løbe rundt at beskæftige alle de her mennesker. Men det sker alligevel, at vi giver en kunstner, som vi sætter højt, chancen for at lave noget og sætte det i produktion vel vidende, at vi aldrig får de penge hjem, det har kostet os. Vi gør det for vores samvittigheds skyld og fordi visse ting har krav på at komme frem.

Vi er et lille land med et højt lønniveau. Det kan ikke undgås at vores ting er dyre. Men det gør kun, at der stilles endnu større krav til, at de så er meget bedre.

Danmark har gode muligheder internationalt når det drejer sig om designet porcelæn. Det grundlag blev lagt i 30'erne med Kaare Klint skolen, som arbejdede systematisk på at få tingene til at fungere bedre. Det gør, at vi i Skandinavien og især her i Danmark, ser tingene på en anden måde end man gør på de store tyske og engelske porcelænsfabrikker.

Vi vil gerne leve i tiden, men vi vil ikke være modeprægede hverken farve- eller formmæssigt. Vi vil lave et godt produkt, som brugeren er tilfreds med i mange år. *Pi*

L. Lautrup-Larsen:
The Royal Porcelain Manufactory is over 200 years old, and if we are not careful it will become a museum factory. This is where design comes into the picture.

The difference between craft and design lies in the fact that for the craftsman the appearance, the beauty in things, means more than it does to the designer. Function and utility mean most to the designer.

I do not make a fast distinction between the concept of artist and designer, for in reality the difference is very small. The artist must also be a designer, and the designer must be an artist.

We have to live from producing and selling. We have to make ends meet in order to employ all these people. But still it happens that we give an artist we value highly a chance to make something and produce it, well knowing that we will never get the money back that it has cost us. We do it for the sake of our conscience and because certain things simply demand to be produced.

We are a small country with a high income level. It is unavoidable that our things are expensive. But that just means that even more demands are made for higher quality products.

Denmark has good possibilities internationally where designed porcelain is concerned. This foundation dates back to the 1930's with the Kaare Klint school, which worked systematically to enhance functional quality. That means that in Scandinavia, and especially in Denmark, we see things in a different way from the large German and British porcelain factories.

We want to live in the present, but we will not bow to fashion either with regard to colour or form. We want to make a good product which will satisfy the user for many years.

Produkt/Product:
Ildpot/Firepot

Design:
Grethe Meyer MAA

Producent/Manufacturer:
Den Kongelige Porcelainsfabrik A/S

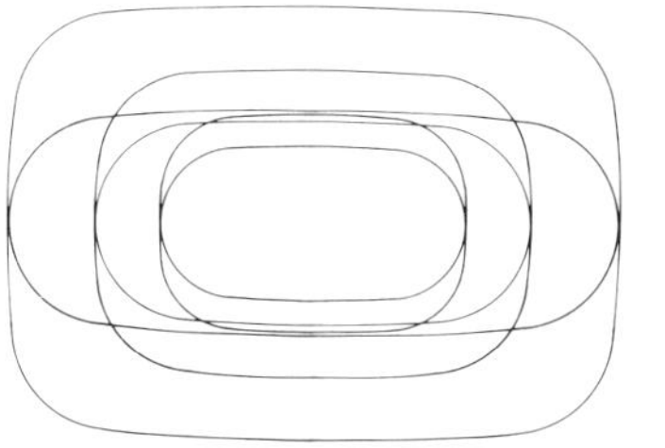

Ildpot ligger i forlængelse af de bedste danske keramik-traditioner og repræsenterer samtidig i kraft af materialets anvendelse en fornyelse af komfur-bord-service.

Ved formgivningen er der lagt vægt på det tidløse og funktionelle, men det er lykkedes samtidig at opnå en lethed, som giver elegance til den uglaserede skærv. Denne opnår i brug et farvespil og en patina, der er med til at tilføre servicet en naturlig charme, således at Ildpot næsten vinder gennem brugen – en egenskab, der yderligere motiverer tildeling af ID prisen.

Firepot is a direct-line descendant of the finest in Danish ceramic tradition at the same time representing something new in oven-to-tableware in the use of this material.

The design is classic and functional – but also incorporates a lightness that brings elegance to the unglazed pottery. With use, the material takes on a changing hue and patina, giving it renewed charm. It improves in fact with age – a further motivation for an ID Prize.

Danske værktøjsmaskiner produceres ikke i store tal, og de fleste produkter er præget af stor forsigtighed med hensyn til konstruktion og udformning. Derfor må det i sig selv vække opsigt, at en af vore førende virksomheder bryder denne tradition og lancerer en maskinserie, der præges af avanceret tænkning i såvel funktion som formgivning.

De to VEPEMATIC aggregater, en vertikal- og en horisontalfræser, er numerisk styrede maskiner med mulighed for alsidig, automatiseret anvendelse i mange forskellige sammenhænge. Det er første gang en dansk værktøjsmaskinfabrik for alvor går ind for moderne, elektronisk styringsteknik.

At formgivningen, herunder den grafiske behandling af betjeningspanelerne, vidner om stor omtanke, er det bedste bevis på, at al god design har sin rod i godt konstruktionsarbejde, udført med fantasi og sans for helheden.

Danish machine-tools are produced only in small numbers and most have that cautious look about them in design. It has been a novelty, therefore, to see one of the country's major manufacturers break with this tradition and introduce a series of machines that glow with new thinking as regards both function and form.

The two VEPEMATIC units – a vertical and a horizontal milling machine – are numerically controlled with the ability to handle a wide range of automatic operations. It is the first time a Danish machine-tool manufacturer has gone in seriously for NC machines.

The outward appearance of the machine, including the graphic design of the control panel, etc., is the best evidence that all good design is based on first-rate structural work, done with imagination and a sense of overall planning.

1976

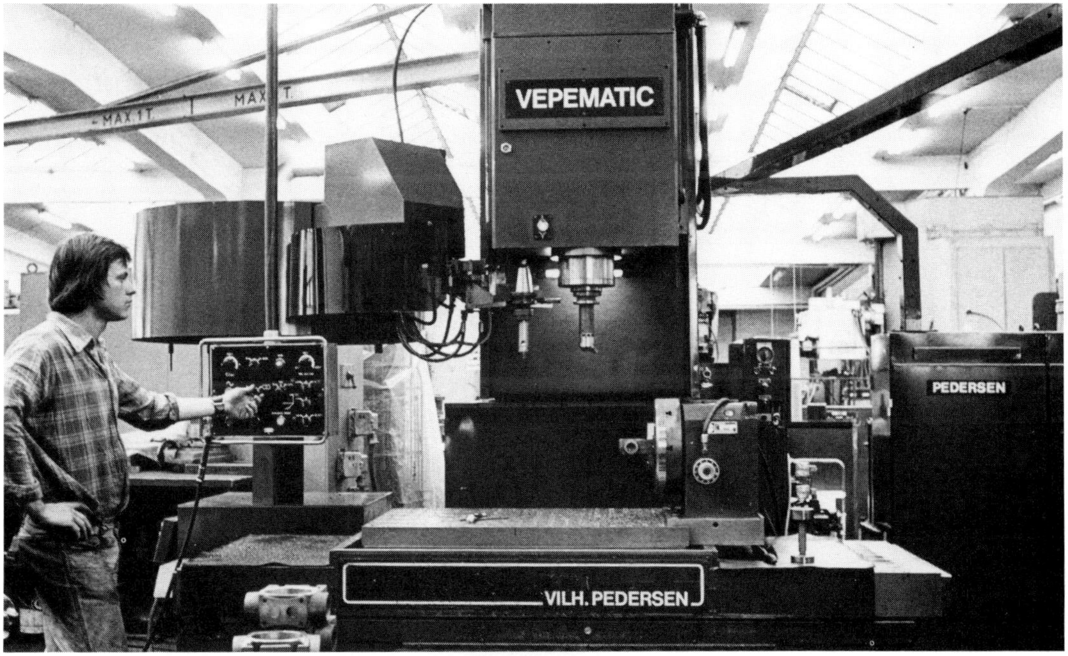

Produkt/Product:
VEPEMATIC 10V-1000
VEPEMATIC type HC

Design:
Jørgen Eggersø M.Sc.EE
E.C. Jacobsen B.Sc.EE

Producent/Manufacturer:
Vilh. Pedersen Maskinfabrik A/S

Navn/Name:
Erik Magnussen, 1940

Titel/Title:
Keramiker/Ceramist

Firma/Company:
Erik Magnussen Design ApS

Stelton har brudt med alle begreber om termokanders fremtoning og funktion i dette nye produkt. Den æstetiske udformning er så særpræget, at en smagsmæssig vurdering kan overskygge den kendsgerning, at kanden i teknisk henseende repræsenterer en ægte fornyelse.

Det automatiske lukke er en både elegant og praktisk detalje, som ikke er set før, og kandens konstruktive opbygning er præget af original tænkning.

With this new product Stelton has broken the traditional mould in the design and function of a vacuum flask. The aesthetic appearance is so unusual that the taste of the individual observer can overshadow the fact that in a technical context the flask in fact represents genuine innovation.

The automatic closing function is an elegant and practical detail not previously encountered, and the flask design incorporates a number of original ideas.

1977

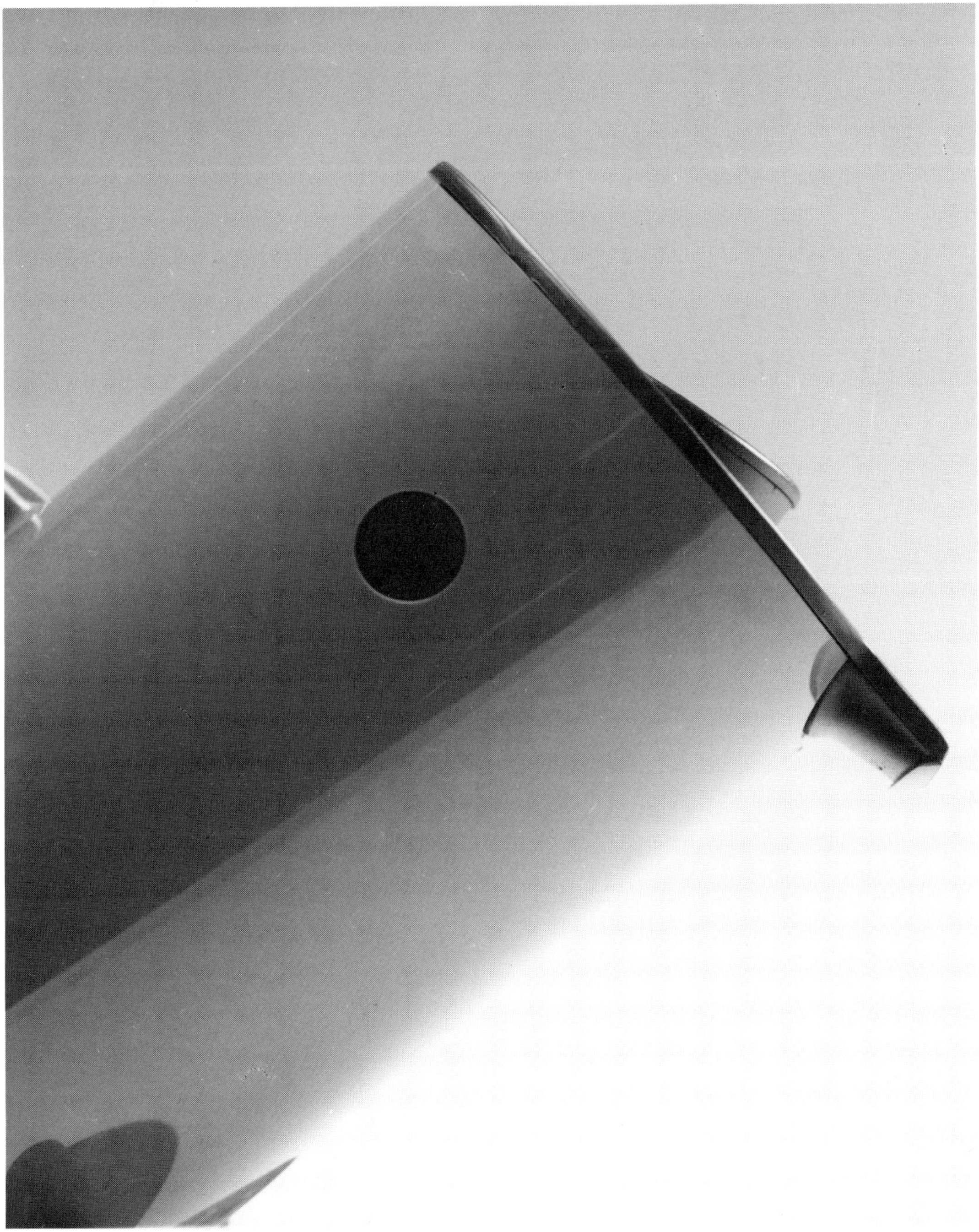

Produkt/Product:
Stelton Thermo

Design:
Erik Magnussen

Producent/Manufacturer:
A/S Stelton

Navn/Name:
Peter Holmblad, 1934

Titel/Title:
Adm. direktør/General Manager

Firma/Company:
A/S Stelton

Peter Holmblad:
Når vi idag eksisterer som virksomhed, og eksisterer godt, så skyldes det vores design. Da jeg kom til Stelton i 1963, kørte virksomheden et program af rustfrit stål, nogle uinteressante ting, som vi solgte og eksporterede. Gud og hver mand lavede det samme, og man konkurrerede kun på pris.

Jeg havde den ambition at få Arne Jacobsen, som jeg var i familie med og havde fulgt og beundret siden jeg var dreng, til at tegne en cylindrisk linie i stål – stramme former til det stramme stål. Det tog et halvt år at få ham med på ideen og fire år inden det første nye produkt kom på markedet, for vi anede ikke, hvad vi kastede os ud i af tekniske problemer. Men uanset, at produktet så kom til at ligge i det højere prisniveau, slog det an. Museum of Modern Art i New York var blandt de første købere.

Mange af vore kunder rundt om i verden efterlyste en thermokande, der passede til Cylinda Line. Den nåede Arne Jacobsen ikke at tegne. Derfor var vor første opgave til Erik Magnussen meget bundet. Tegn en cylindrisk thermokande i rustfrit stål.

Efter succes'en med Eriks stålthermokande fik vi ideen til at lave den samme kande i kunststof. Vi troede meget på produktet men havde i virkeligheden ikke råd til at gennemføre det på det tidspunkt. Formomkostningerne var enorme. En stor koncern ville aldrig havde løbet en tilsvarende risiko. Det produkts succes har betydet en udviklingsmæssig og økonomisk omvæltning for os og for samarbejdet med Erik. Vi står idag meget stærkt og er igang med omfattende investeringsprogram for vores produktudvikling.

Mange forretningsfolk har sagt, at det i princippet er ligegyldigt hvad man sælger, det væsentlige er at være en god købmand. Det er jeg ikke enig i. Jeg kunne måske nok klare mig i tilværelsen ved at sælge produkter, jeg ikke selv synes om, men jeg ville ikke bryde mig om det. Det har noget med livskvalitet at gøre, at jeg kan gå ind for de produkter, jeg sælger. *Pi*

Peter Holmblad:
That we exist today as a concern, and thrive, is due to our design. When I came to Stelton in 1963 the company had a range of stainless steel articles, uninteresting pieces I wouldn't own myself, but which we sold and exported. Everybody made it, and the only competition was in price.

I had the ambition of getting Arne Jacobsen, who is a relation of mine, and whom I had followed and admired since I was a boy, to design a cylindrical line in steel – taut forms for the taut steel. It took 6 months to get him interested and four years before the first new product went on the market, for we were ignorant of the technical problems we had run into. But despite the fact that the product thus came to lie in the higher price category, it was well accepted. The Museum of Modern Art in New York was among the first buyers.

Many of our customers around the world wanted a thermos flask to form part of the Cylinda Line. Arne Jacobsen did not live long enough to design it. This, our first project for Erik Magnussen, had tight specifications: Design a cylindrical thermos flask in stainless steel.

After the success with Erik's steel thermos we had the idea of making the same flask of synthetic material. We believed in the product, but really hadn't the means to develop it at that time. The initial investment was enormous. A big company would never have run such a risk. The product's success has entailed a revolution in product development and in the financial standing of the company as well as in our co-operation with Erik. We have a very strong position today and have started a comprehensive investment programme for our product development.

Many businessmen have said, that in principle it is immaterial what one is selling, the important thing is to be a good salesman. I do not agree with this. I could probably survive by selling products I don't like. The fact that I can identify with the products I sell has something to do with the quality of life.

1977

Navn/Name:
Jan Trägårdh, 1931

Titel/Title:
Designer MAA IDD

Firma/Company:
Jan Trägårdh Design

Eskofot 5000 reprokameraet er et fornuftigt værktøj til løsning af mange reprografiske opgaver.

Kameraet bærer præg af, at der er arbejdet alvorligt med at ordne de forskellige komponenter. Skalaer og knapper har fået en typografi, der gør det nemt at anvende kameraet efter en kortvarig instruktion.

Opbygningen af stålplader giver kameraet en stabil og sober konstruktion.

The Eskofot 5000 reproduction camera is a well-designed tool with which to tackle many graphic operations.

The design of the camera plainly shows a serious effort to arrange its different components logically. Dials and controls carry symbols which enable new users to familiarise themselves with the camera after only a brief instruction period.

The use of sheet steel in the structural design has given the camera stability and a sober appearance.

Produkter, der fremstilles i store serier med en teknologi, der beherskes af mange konkurrerende virksomheder, præges ofte af hård prismæssig konkurrence og produkt-efterligning fremfor produktforbedring. Dette gælder også et område som spande med låg, hvor prisen er relativt lav, men hvor bl.a. manglende tæthed har været et problem.

Superfos har med sin polyethylenspand gennemført et udviklingsarbejde, som viser, at der kan skabes afgørende forbedringer – også på et enkelt og velkendt produkt som en plastspand. Specielt fremhæves den originale løsning af lukningen mellem spand og låg, som sikrer tæthed.

Products manufactured by mass-production technology available to many competing enterprises often suffer from sharp price competition and plagiarism rather than enjoy the benefit of product improvement. This is also true of lidded containers. The price is relatively low but it has been difficult to achieve a proper seal.

The Superfos polythene container represents the kind of product development that proves that major improvements are indeed possible – even in such a simple and familiar product as a plastic container. Special attention is drawn to the original method of achieving a complete seal between container and lid.

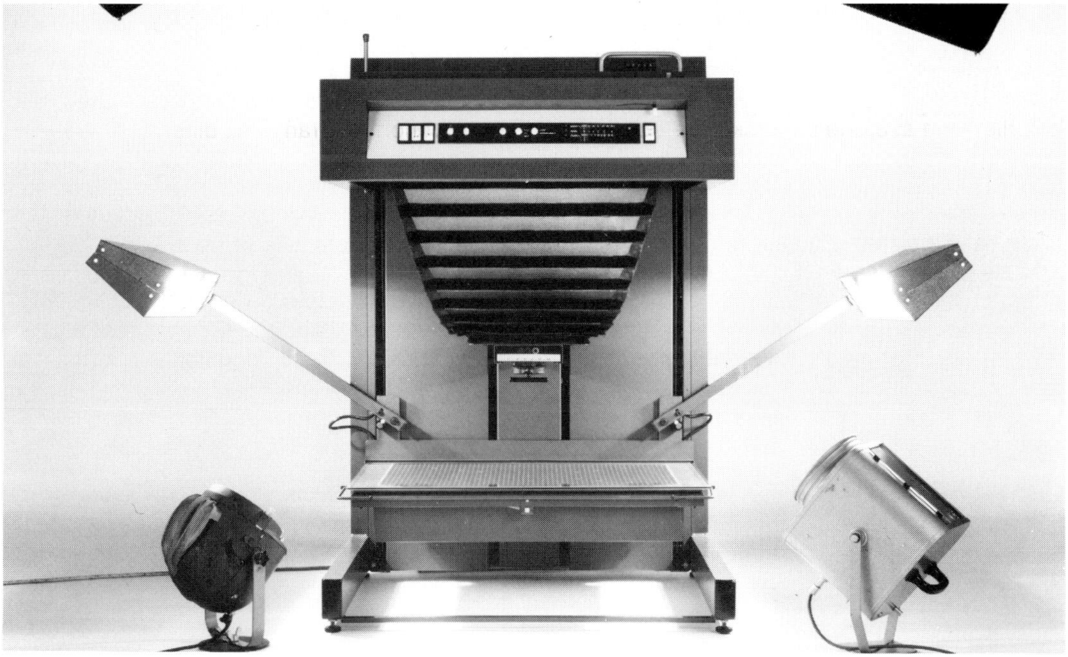

Produkt/Product:
Eskofot 5000 reprocamera

Design:
Jan Trägårdh MAA IDD +
Eskofot

Producent/Manufacturer:
Eskofot A/S

Produkt/Product:
Superfos polyethylen spand/bucket

Design:
Superfos Emballage

Producent/Manufacturer:
Superfos Emballage A/S

Navn/Name:
Tom Lindhardt, 1935

Titel/Title:
Direktør, designer IDD
Director, designer IDD

Firma/Company:
Kompan Multikunst Design A·S

De fjedrende KOMPAN legeredskaber er både fornuftige og morsomme. Fornuftige på grund af deres konstruktion og pædagogiske idé. Morsomme fordi det bereder børnene en åbenbar fysisk fornøjelse at bruge dem.

Dertil kommer, at de som helhed og i en række detaljer afspejler omtanke for holdbarhed og sikkerhed. Det har medført forskellige tekniske nyskabelser, der også vil kunne have betydning i andre sammenhænge.

Juryen ønsker at påskønne både den tekniske og den kunstneriske indsats, som falder inden for et område, der ofte forsømmes både af planlæggere og leverandører.

KOMPAN spring-loaded play equipment is both sensible and fun. Sensible on account of their construction and educational principle. Fun because they afford children obvious physical pleasure.

In addition, their general and detailed design reflects careful consideration for durability and safety. A number of technical innovations have come to light which may prove applicable in other contexts.

The jury wishes to signal its appreciation of both the technical and the artistic contribution, which occurs in a field frequently neglected by both planners and suppliers.

Produkt/Product:
KOMPAN
legepladsudstyr/
playground equipment

Design:
Tom Lindhardt

Producent/Manufacturer:
Kompan Multikunst Design A·S

Navn/Name:
Peter Bruun, 1949

Titel/Title:
Bådebygger/Boat Builder

Firma/Company:
Peter Bruun ApS

Grinde havkrydseren ligger i forlængelse af Danmarks århundreder gamle tradition for søfart og skibsbygning, samtidig med at Grinden udnytter de nyeste erfaringer på det hydrodynamiske område.

Den klassiske, bredbugede skrogform forener optimale sejlegenskaber med et maksimum af plads ombord. Fartøjets fremtoning er saglig og funktionel, og fra enhver vinkel virker det smukt afbalanceret.

Udstyr og detaljering er shipshape uden overflødigt kram. Apteringen danner en fornuftig, men hyggelig ramme om det liv, der skal kunne udfolde sig i en ægte familiebåd.

The Grinde (pilot whale) ocean cruiser is a natural extension of centuries of Danish shipping and shipbuilding tradition – but at the same time the Grinde exploits the latest results of hydrodynamic research.

The classic, wide-beamed hull combines optimum sailing qualities with a maximum of onboard space. The vessel has an efficient, functional air, and offers a well-balanced impression from every angle.

The vessel's equipment and detailed fittings are sensible without being lavish. Her accommodation provides a simple but welcoming background to life aboard a genuine family boat.

GNT strimmellæseren viderefører virksomhedens tradition for høj kvalitet i både konstruktion og formgivning.

Detaljeringen er forfinet, men samtidig solid og tillidvækkende. Materialevalget bærer præg af omtanke både for tekniske krav og for enhedens visuelle harmoni.

Betjeningen er let og indlysende. Forpanelets diskrete udformning gør det muligt at indpasse aggregatet i mange forskellige sammenhænge og tekniske miljøer.

The GNT tape reader upholds the company's tradition for high quality in both construction and design.

Design details are refined but at the same time they are sturdy and inspire confidence. The choice of materials indicates careful consideration of technical requirements and of the unit's visual harmony.

Operation is simple and straightforward. The discreet design of the front panel enables the unit to fit unobtrusively into many different technical environments.

1977

Produkt/Product:
Grinde
havkrydser/cruiser

Design:
Peter Bruun

Producent/Manufacturer:
Peter Bruun ApS

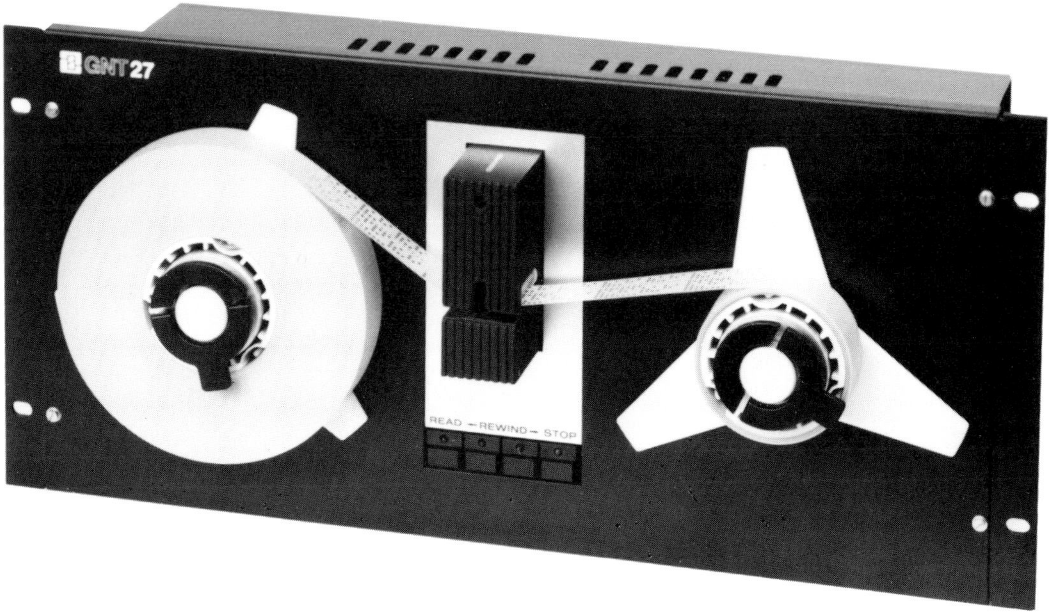

Produkt/Product:
GNT 27
strimmellæser/paper tape recorder

Design:
Sven Dooleweerdt IDD
Steen Kärki (GNT)

Producent/Manufacturer:
GNT Automatic A/S

Navn/Name:
Knud Holscher, 1930

Titel/Title:
Professor, Arkitekt MAA IDD
Professor, Architect MAA IDD

Firma/Company:
Knud Holscher/industrial design

UFO armaturseriens alsidighed samt den stilfærdige, næsten anonyme formgivning gør serien anvendelig i mange forskellige sammenhænge.

Konstruktion og form er forenklet med henblik på let montering og vedligeholdelse. I detaljering og materialevalg er armaturerne velsoignerede og tillidvækkende.

The UFO series of fittings with its universality and its quiet, almost anonymous design is suitable for use in many settings.

Design and form have been kept simple with a view to easy installation and maintenance. The detailed design and choice of material give the fittings a clean, trustworthy look.

Navn/Name:
Gunnar Jørgensen, 1921

Titel/Title:
Smedemester/Master Smith

Firma/Company:
Andersen & Jørgensen

Skandi-lift personhejsen er baseret på en slående enkel idé, der muliggør indpasning af dette hjælpemiddel i såvel institutions- som hjemmemiljø.

Konstruktionen er gennemtænkt og rationel, og den stilfærdige udformning medvirker til at afdramatisere det særlige anvendelsesformål.

Hejsen rummer en række sikkerheds-mæssige nyskabelser, og betjeningen er forenklet til gavn for såvel personale som de patienter, der selv kan benytte aggregatet uden hjælp.

I betragtning af den psykiske belastning et sådant hjælpemiddel kan føje til en i forvejen vanskelig patient-situation, må det i høj grad påskønnes, at en virksomhed udvikler et produkt, som ikke blot er uhyre praktisk og tillidvækkende, men som yderligere optræder som et tiltalende stykke inventar.

The Skandi-lift personal hoist is based on a strikingly simple idea which suits this personal aid for use in both an institutional and a domestic environment.

The design is well-planned and efficient, and its discreet form helps remove some of the air of drama from its special application.

The hoist incorporates a number of safety innovations, and operation is simple – thereby benefiting both staff and those patients who are capable of using the unit without assistance.

Considering the mental burden such an aid can impose upon an already difficult patient situation, it is greatly appreciated that a company has developed a product which is not only extremely practical and trustworthy but has moreover the appearance of an attractive piece of equipment.

Produkt/Product:
UFO loftindblæsningsarmatur/
ventilation fixtures

Design:
Knud Holscher MAA IDD

Producent/Manufacturer:
Riscanco A/S

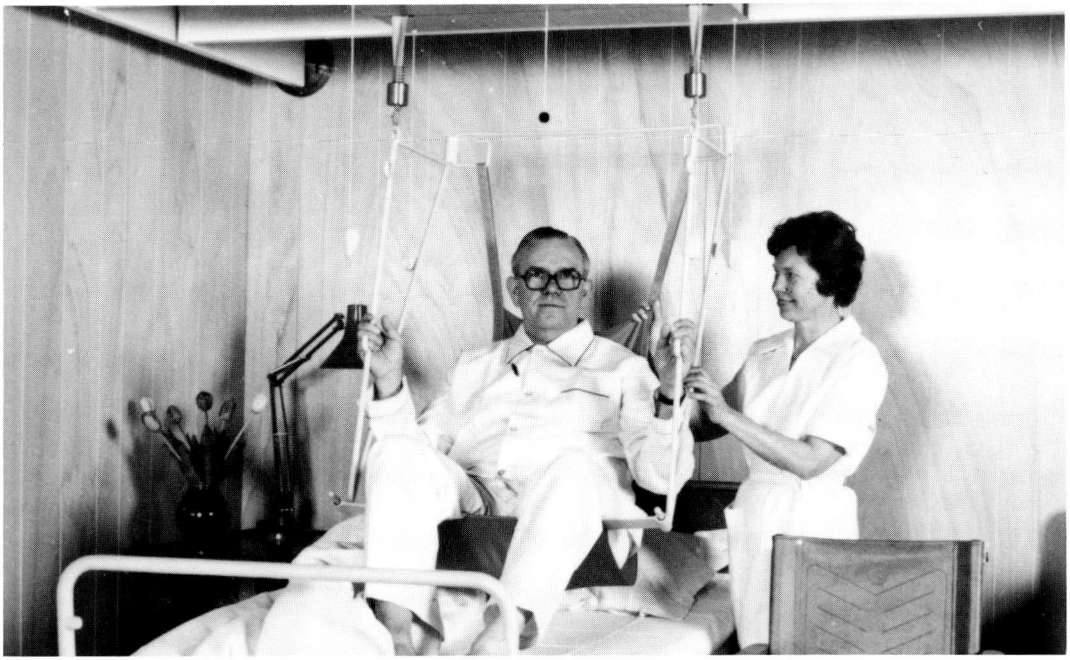

Produkt/Product:
Skandi-lift

Design:
Gunnar Jørgensen

Producent/Manufacturer:
Andersen & Jørgensen

Scanter radar-konsollen er et skoleeksempel på god industriel design. Apparatets mange betjeningsfunktioner er ordnet på en ergonomisk og logisk forbilledlig måde.

Den konstruktive opbygning er gennemarbejdet i alle detaljer; dette gælder såvel den tekniske indretning som stativ og indkapsling, der bærer præg både af omtanke og fantasi.

Blandt de mange innovationer i apparatet skal fremhæves den kipbare konsol, som alle brugere vil vide at værdsætte.

The Scanter radar console is a textbook example of good industrial design. The unit's many functions are arranged with splendid logic and respect for ergonomic requirements.

The design has been thoroughly processed in every detail. This applies both to the technical layout and to the chassis and enclosure, which reflect care and imagination.

The unit's many innovations include a tilting mechanism. This is something all users will appreciate.

1977

Produkt/Product:
Scanter 8000 radar display

Design:
Dansk Radio A/S

Producent/Manufacturer:
Dansk Radio A/S

Navn/Name:
Henning Andreasen, 1923

Titel/Title:
Designer MAA IDD

Firma/Company:
Henning Andreasen Design

Ved original og talentfuld udnyttelse af en traditionel produktionsteknik er det med Folle hæftemaskinen lykkedes at skabe et fint stykke værktøj, som bag en velkendt funktion rummer en overraskende mængde af nye ideer, og som tillige fremtræder i en håndrigtig og harmonisk skikkelse

Maskinen kan sammenhæfte, nålehæfte og sømme. Den opad trukne bundplade betyder, at maskinen ikke ridser underlaget. Folle kan også bruges som håndmodel; den er uden skarpe kanter og har afstemte fjedre, så maskinen virker præcist, men alligevel kan sammentrykkes af en spinkel hånd.

Der er lagt vægt på høj kvalitet. Hængseltappen, der er fremstillet af et rør af stor diameter, giver en solid og nøjagtig lejring. Samtidig kan man trække en strop gennem tappen, f.eks. hvis maskinen bæres i en snor om halsen.

Adopting an original and talented approach to a traditional manufacturing process, the designer of the Folle stapler has succeeded in creating a fine tool that packs a surprising number of new ideas into a familiar operation – with a comfortable, balanced feel about it.

The machine can staple, pin and nail. It is designed as a table model and does not scratch a polish surface. No rubber or felt underlay required. The Folle 26 may also be used as a hand model: it has no sharp edges and its springs are finely gauged to ensure that the machine functions smoothly and precisely even in the slimmest hand.

Quality is the keystone. The hinge-pin, a vital component if the machine is to preserve its precision, is a large diameter tube. This ensures uniform, precise action – and at the same time can take a strap if the user carries the stapler conveniently round his neck.

F78 telefonen er et eksempel på god offentlig design. Den er original i sin idé, men anonym i sin fremtoning, kompakt dimensioneret, systematisk udtænkt i sine kombinationsmuligheder og smukt gennemarbejdet i hovedform, detaljer og materialer.

Grundapparatet kan udbygges sideværts. Dette er der taget hensyn til i apparatets design, idet formen muliggør addition af elementer, og endelukningen giver nem adgang for elektriske forbindelser mellem grundapparat og sidepart. Trykknapperne er udformet med henblik på mindst mulig fejlbetjening og let rengøring.

F78 er symmetrisk og kan betjenes med både højre og venstre hånd, og fra bagsiden. Ledningen til håndsættet er tilsluttet med et stik og kan monteres valgfrit i apparatets venstre eller højre side.

The F78 telephone is an example of good public design. It is original in its idea yet anonymous in appearance, compact in size, systematically planned in its electronic combinations, and beautifully executed in design, detail and choice of material.

Additional modules can be plugged into the side of the basic unit. This arrangement provides easy access for electrical connections between basic and auxiliary modules. Buttons have been arranged to minimise error and are flush with the body to simplify cleaning.

The F78 is symmetric in design, affording the same convenience to right or left hand. It can also be used from the rear. The handset cable may be plugged into the lefthand or righthand side.

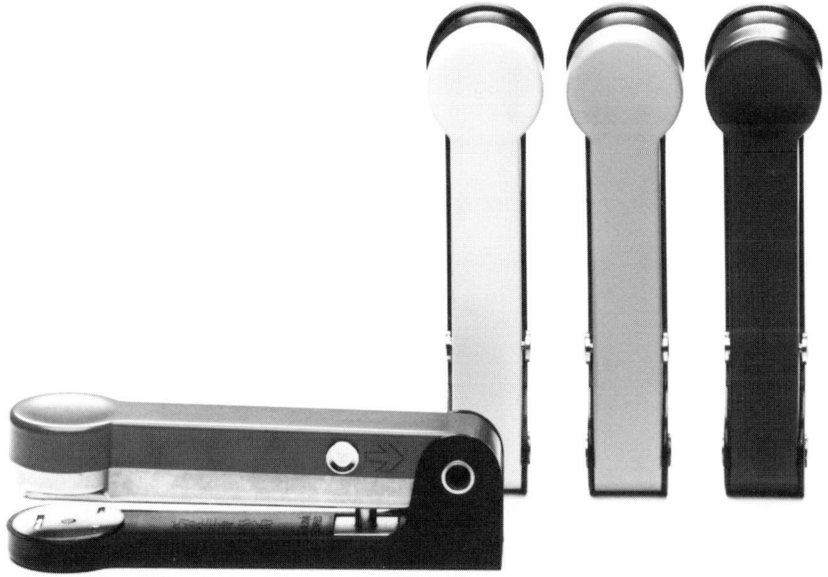

Produkt/Product:
Folle 26
hæftemaskine/stapler

Design:
Henning Andreasen MAA IDD

Producent/Manufacturer:
Folmer Christensen
Metalvarefabrik A/S

Produkt/Product:
F78 telephone

Design:
Henning Andreasen MAA IDD

Producent/Manufacturer:
GNT Automatic A/S

Navn/Name:
Henning Andreasen, 1923

Titel/Title:
Designer MAA IDD

Firma/Company:
Henning Andreasen Design

Henning Andreasen:
»Nå, det er designet, det er nok derfor det er så dyrt, for så skal der jo også betales til designeren«, har man hørt folk sige. Når jeg taler om design i forbindelse med produktudvikling er det mere et spørgsmål at give produktet en højere brugsværdi og oplevelsesværdi, uden at det bliver dyrere, ja i mange tilfælde bliver det endda billigere. Man skal forøvrigt heller ikke tro, at et ringe produkt kan reddes ved en design-indsats.

Da jeg for nogle år siden skulle tegne den nye trykknap telefon F-78 var teknologien medvirkende til, at et gammelt velkendt produkt helt kunne ændre form. Jeg begyndte designarbejdet med at tale med nogle ergoterapeuter, som arbejdede med at hjælpe personalet på kommunekontorer. De fortalte, at personale med omfattende telefon service altid havde myoser i nakke og skuldre. Ikke så meget for at holde telefonrøret, men mere af at sidde med løftet arm hele dagen for at betjene drejeskiven. Derfor gjorde jeg den nye telefon så lav, at brugeren kunne hvile armen på bordet ved betjening af tasterne. Det betød en radikal ændring i forhold til telefonens hidtil kendte grundform.

Ved starten af en ny opgave er det altid ubehageligt at sidde med et stykke hvidt papir foran sig. Jeg begynder arbejdet med at tænke på de mennesker der skal leve med produktet. Hvad kan jeg gøre for at give dem et produkt, der er rart at leve med i den daglige brug. Det skal være let at betjene, let at holde rent, let at få det serviceret, og chancerne for at komme til skade med produktet skal reduceres. Samtidig vil jeg gerne give brugerne en æstetisk oplevelse. Efter disse overvejelser er det straks lidt lettere at få sat blyanten på papiret.

Jeg nyder at aflevere et færdigt design, selv om jeg næsten ikke kan nænne at give det fra mig. Det er som at aflevere en lille bid af sig selv, og var der nu noget jeg kunne have gjort en lille smule bedre? Man kan forfine et produkt i det uendelige. Men det skal jo blive til noget – være færdigt og vi skal også videre. Kunsten er at finde ud af, hvor vi stopper. *Pi*

Henning Andreasen:
»Ah, it's a design piece – that's why it's so expensive – the designer has to be paid as well« – one has heard people say. When I talk about design in connection with product development it is more a question of giving the product a higher functional and aesthetic value, without becoming more expensive – in many cases it is even cheaper.

When I designed the new pushbutton telephone F 78 some years ago, technology contributed by giving a familiar product a completely different form. I began by talking to some ergotherapists whose job was to help people who worked in municipal offices. They said that the personnel who were busy on the telephone always had pains in the neck and shoulders. Not so much from holding the receiver, but from sitting with a raised arm the whole time to operate the dial. So I made the new telephone so low that the user could rest his arm on the table when operating the pushbuttons. This meant a radical change with regard to the basic shape of the telephone.

At the beginning of a new project it is always unpleasant to sit with a piece of white paper in front of one. I begin work by thinking of the people who are going to live with the product. What can I do to give them a product that is pleasant to live with in daily use. It must be easy to use, easy to keep clean, easy to service, and the risk of accident reduced to a minimum. At the same time I want to give the user an aesthetic experience. With these considerations in mind the task of putting pen to paper immediately becomes easier.

I enjoy delivering a finished design, even though it almost hurts me to part with it. It is like giving up a little part of oneself – and was there anything I could have done a little better. One can refine a product for ever. But it has to become something – be finished, and we have to go on to other things. The art is to know where to stop.

1978

Navn/Name:
Ole Palsby, 1935

Titel/Title:
Designer

Eva Trio Gourmet serien danner et system af gryder, kasseroller, sautérpander og stegepander, opbygget over et fælles princip, men udført af forskellige materialer, så man kan sammensætte den kombination af kogegrej, der svarer til det aktuelle behov. Et fælles træk er de pånittede greb af rustfrit stål, og kogekarrenes hældekant, der tillige virker som afstivning af randen.

Rustfrit stål er et stabilt og ovnfast materiale, som tillige har en lav varmeledningsevne. Disse egenskaber er udnyttet i grebene, som er fastnittet langs en minimal anlægsflade, hvilket reducerer varmeoverførslen fra kogekar til greb yderligere.

Grebenes form sikrer en stabil fastholdelse og styring af grejet. Lågene er udført af rustfrit stål med et langt øre, så risikoen for skoldning nedsættes. Lågene er udformet, så gryderne kan stilles oven på hinanden under kogning og varmholdelse.

The Eva Trio Gourmet range is a system of pots, casseroles, sauce pans and frying pans based on a single design theme but executed in different materials. This permits the user to select and combine the units best suited for individual purposes. All units have riveted handles in stainlesss steel, and the larger pots have a pouring lip which also serves to strengthen the rim.

Stainless steel is a stable, ovenproof material with a low conductivity rating. These characteristics have been exploited in the design of the handles, which have been riveted along a minimum contact line, which further limits transfer of heat from pot to handle.

Handles have been designed to give the user a safe, controlled grip. The lids, like the handles, are in stainless steel – with a long lug to minimise the risk of scalding. The lids have been designed to allow pots to be stacked, e.g. to keep food warm.

1978

Produkt/Product:
Eva Trio Gourmet

Design:
Ole Palsby

Producent/Manufacturer:
Erik Mangor A/S

Navn/Name:
Jesper Lund, 1945

Titel/Title:
Arkitekt/Architect MAA

Firma/Company:
Knud Holscher/industrial design

Ved en design-mæssig udnyttelse af stålformens muligheder er det med SIB strengbetonbjælken lykkedes at skabe en komponent med gunstige statiske egenskaber og af høj arkitektonisk kvalitet.

SIB bjælken anvendes i bygninger med stor spændvidde, hvor den i forskellige fagvidde-variationer bærer tage af beton, stål, stressed skin m.v. Dens sadelform, hvor overflangens hældning er 1°–15°, giver en god kombination mellem krav til tagfald og statisk funktion (største konstruktionshøjde på midten). Bjælken støbes i modulopbyggede stålforme, der tillader varierede længder og er forberedt for systematisk placering af installationshuller.

Stålformsystemet har gjort det muligt at anvende krumme og dobbeltkrumme flader i det endelige produkt. Dette udnyttes bl.a. i spejlafslutningen, hvor den blødt kurvede overgang letter afformningen og sikrer mod revnedannelser fra formens hjørner.

Judicious design based on the potential of the steel mould has made the SIB beam a component with admirable static characteristics and of superior architectural quality.

The SIB beam is used as loadbearing frame structure in buildings where there is a need for a large, unobstructed span, bearing a roof of concrete, steel, stressed skin, etc. Its saddle form, with a 1° to 15° pitch on the upper flange, strikes a sound compromise between roof pitch and static performance (maximum structural height in the middle). The beam is cast in modular steel moulds, permitting a variety of lengths, and incorporates core holes, inserts, etc.

The steel-mould system has made redesign of the beam system possible, partly because of the curves and double curvature feasible in the finished products. This feature has been exploited in the beam's slim cross-section, with the gentle curves easing removal of the mould and eliminating the risk of cracking at the mould corners.

Jacoform skoen er et eksempel på nyskabelse og elementær god design.

De fleste sko tvinger foden ind i en form, som er uhensigtsmæssig for de naturlige reflekser under gangen.

Under optimale forhold spreder tæerne sig som en vifte, og alle knogler i den enkelte tå danner en ret linie hele vejen fra tåspids til fodrod. Dette er en af betingelserne for, at fodens mekanik virker hensigtsmæssigt under gangafviklingen, som bringer fodens muskler i funktion i en afveksling af fire reflekser: sprede-refleksen, gribe-refleksen, udspændings-refleksen og afsæt/stød-refleksen.

Jacoform skoen er udformet, så den opfylder disse krav: Tæerne har god plads, sålen er fleksibel og fodens hælparti er sikkert fastlåst i skoen. Skoen har fortil et filtindlæg, der former sig efter foden og hjælper med at fastholde denne. Der er ingen hælforhøjning, og skoåbningen sidder lavt, men snøringen findes højt oppe på vristen, så foden fastholdes oppefra og nedefra af hælskål og hælstop.

The Jacoform shoe is an example of elementary, good design.

Most shoes force the foot into a form that hampers the movement and the natural reflexes of the bone and muscle during walk.

Given optimum conditions, the toes choose to spread fanlike, and all bones of each toe form a straight line from tip of toe to the ankle. This is absolutely essential if the mechanism of the foot is to function correctly, activating the muscles of the foot in a four-reflex cycle, the spreading reflex, the gripping reflex, the stretching reflex and the pushing reflex.

The Jacoform shoe meets the following requirements: The toes need plenty of room, the sole must be flexible, and the heel area of the foot must be well anchored in the shoe. The front of the shoe must be fitted with a felt insert, which adapts to the individual foot and helps stabilise it. There should be no high heel, and the mouth of the shoe must be low but with lacing high on the instep so that the foot is retained from above and from beneath by the heel-cup and heel-stop.

Produkt/Product:
Strengbetonbjælke SIB
Prestressed concrete beam SIB

Design:
Knud Holscher MAA IDD
Jesper Lund MAA IDD

Producent/Manufacturer:
Højgaard & Schultz A/S

Produkt/Product:
Jacoform
sko/shoes

Design:
Bjørn Gustavsen
Jørgen Keller

Producent/Manufacturer:
Jac. Engelbredt A/S

Navn/Name:
Jacob Jensen, 1926

Titel/Title:
Designer

Beovox C75 og C40 højttalerne løser en akustisk, produktionsteknisk og æstetisk opgave i ét genialt greb. Høj lydkvalitet er forenet med usædvanligt kompakte dimensioner, og i udformningen genfinder man den elegance, som er typisk for de bedste B&O ting.

Beovox C75 og C40 højttalerne er beregnet for optimal lydgengivelse i stuer under ca. 25 m². Uni-Phase princippet sikrer et klart akustisk billede uden faseforvrængning. Kabinetterne er fremstillet af ekstruderet aluminium, så kabinetvibrationer ikke bidrager til lydgengivelsen. For yderligere at begrænse mulighederne for resonansfænomener er de enkelte højttalerenheder ophængt isoleret fra kabinettet ved hjælp af en gummimanchet.

De små mål, 12×32×20 cm for C75 og 12×20×20 cm for C40, gør Beovox højttalerne lette at indpasse i det hjemlige miljø, f.eks. blandt bøger eller plader i en reol.

The Beovox C75 and C40 loudspeaker units succeed remarkably well in satisfying, with one stroke, a high acoustic, manufacturing and aesthetic standard. Superb sound quality has been combined with compact dimensions in a design of typical B&O elegance.

Beovox C75 and C40 loudspeakers have been built for optimum sound reproduction in rooms smaller than approx. 25 m². The Uni-Phase principle ensures pure acoustic definition without phase distortion. The enclosures are in extruded aluminium in order that reproduction is not coloured by vibration. As a further precaution against resonance phenomena, each drive unit is independently suspended within the enclosure on a rubber mounting.

With their small measure, 12×32×20 viz. 12×20×20 cms, the speakers fit easily into a domestic setting, e.g. among books in a storage system.

Navn/Name:
Poul Due Jensen 1912-77

Titel/Title:
Fabrikant/Manufacturer

Firma/Company:
Grundfos A/S

Grundfos JP 4-45 jetpumpen er en transportabel, selvansugende centrifugalpumpe i rustfrit stål til landbrug, gartneri, industri og drikkevandsforsyning.

Pumpen er en kompakt enhed, der kan tages med overalt. Den fylder ikke mere end en stor boremaskine og er forsynet med bærehåndtag.

Jetpumpen kan forsynes med en hydrostat og kan således fungere som automatisk vandforsyningsanlæg. Anlægget optager kun beskeden plads og kan f.eks. monteres i et skab.

Jetpumpen viderefører Grundfos' tradition for høj kvalitet i teknik og formgivning. Anvendelsen af rustfrit stål er gennemført med suveræn udnyttelse af materialets egenskaber.

The Grundfos JP 4-45 jet pump is a portable, self-priming centrifugal pump in stainless steel for use in agriculture, horticulture, industry or as a power unit for drinking water.

The pump is a compact unit and goes anywhere. About the size of a large power drill, it has a handle for easy transport.

The jet pump can be fitted with a pressure switch, enabling it to be used as automatic water-pumping unit. The pump can be tucked away in a cupboard.

The jet pump carries on the Grundfos tradition of high quality in technology and design. Stainless steel is the chosen material, and its properties have been superbly exploited.

Produkt/Product:
Beovox Uni-Phase
højttalere/loudspeakers

Design:
Jacob Jensen

Producent/Manufacturer:
Bang & Olufsen A/S

Produkt/Product:
Grundfos jet pump JP 4-45

Design:
Poul Due Jensen (Grundfos)

Producent/Manufacturer:
Grundfos A/S

Navn/Name:
Flemming Ljørring, 1939

Titel/Title:
Grafiker/Graphic Designer IDD AGI

Firma/Company:
Flemming Ljørring Creative Design AS

Concorde pick-up'en repræsenterer i teknisk henseende en vidtgående optimering af komponenter og egenskaber. Aggregatets ydre form afspejler dets indre opbygning, men er tillige udtryk for en præcis tolkning af funktionskravene til et sådant instrument.

Concorde pick-up'en er konstrueret med henblik på optimal resonansfrekvens forenet med lavt nåletryk, høj eftergivenhed og god sporingsevne. Disse egenskaber er opnået i en meget kompakt opbygning, som bl.a. er muliggjort ved en gennemført minimisering af både volumen og masse i de mekaniske og elektriske komponenter. Aggregatet danner et lukket magneto-dynamisk system, som er beskyttet mod elektromagnetisk indstråling.

Konstruktionen sikrer en uhyre stor spændvidde i det spektrum af frekvenser, som pick-up'en kan reproducere uden forvrængning.

Pick-up husets tilspidsede form giver dels en effektiv beskyttelse af nålen mod fysisk overlast, dels mulighed for præcis lokalisering og manøvrering af tonearmen.

The prize-winning Concorde pick-up represents a near-optimisation of components and properties. The external appearance of the unit reflects its internal design but is also an expression of a precise interpretation of the functional requirements for such an instrument.

The Concorde pick-up has been designed to obtain optimum resonance frequency combined with low stylus pressure, a high degree of compliance, and fine tracking characteristics. These qualities are achieved in a compact design, thanks partly to minimisation of both volume and mass of the mechanical and electrical components. The unit forms a sealed magneto-dynamic system, protected against all forms of electromagnetic radiation.

The engineering design makes the pick-up capable of reproducing an immense range of frequency without distortion.

The tapered form of the pick-up housing ensures protection of the stylus and at the same time facilitates the accurate location and adjustment of the tone-arm.

1979

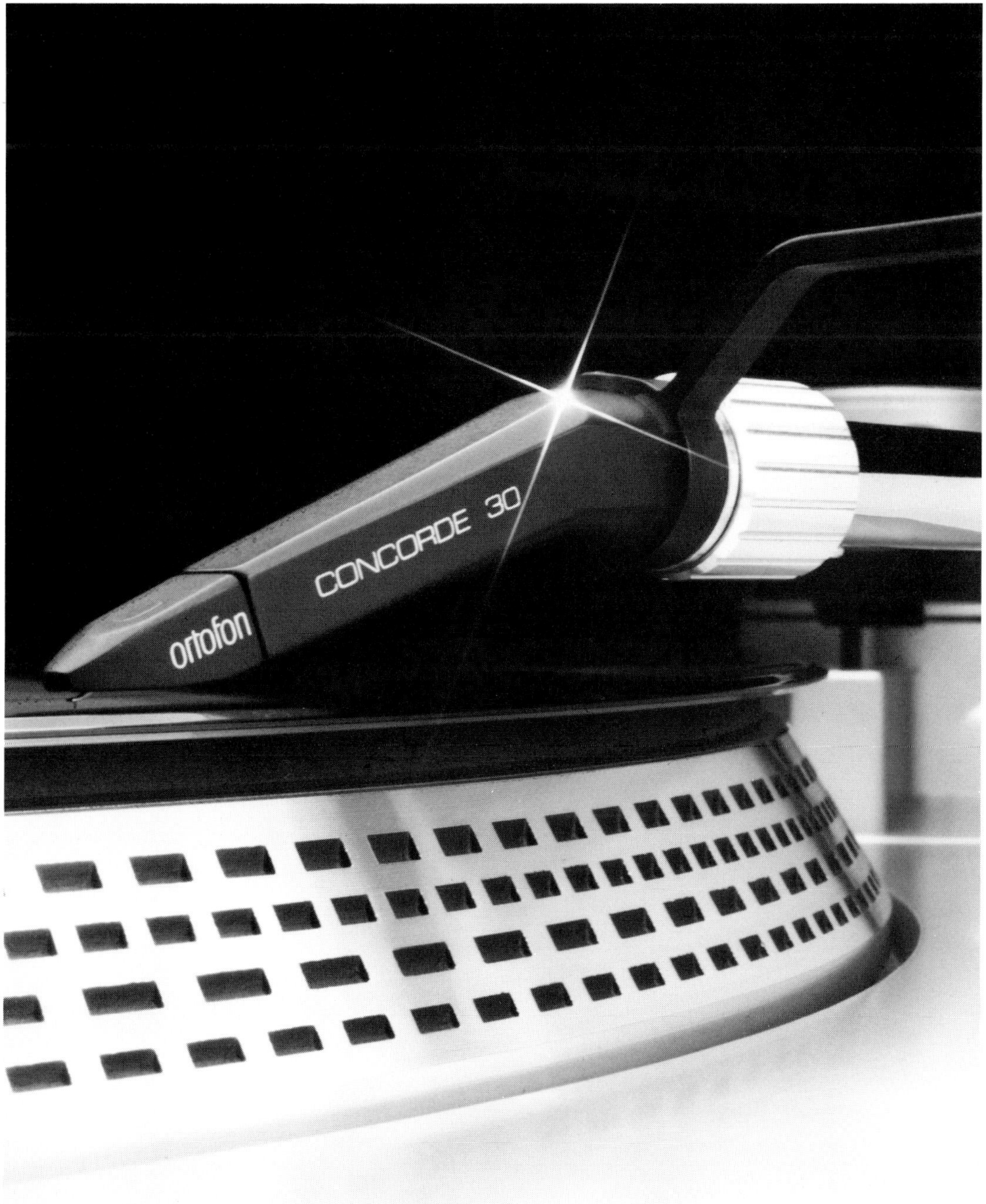

Produkt/Product:
Concorde Pick-up System

Design:
Flemming Tullin (Ortofon)
Jan Trägårdh MAA IDD
Flemming Ljørring IDD (graphics)

Producent/Manufacturer:
Ortofon Manufacturing A/S

Navn/Name:
Harry Haun, 1936

Titel/Title:
Designchef/Chief Designer

Firma/Company:
S & W Medico Teknik A/S

S & W system 8000 repræsenterer en overbevisende systemteknisk, brugsrigtig og elegant løsning på et medico-teknisk problem.

System 8000 er udformet som et sæt af byggesten, der gør det muligt i hver enkelt patientsituation at sammenbygge netop de elementer, som der er behov for.

Sammenbygningen sikrer i én operation den mekaniske og elektriske kobling mellem enhederne. Sammen med den tilhørende monteringskonsol til bl.a. vægophængning ved sengen danner ensemblet en fast og overskuelig helhed, uanset hvilke moduler man kombinerer.

Apparaternes visuelle display, disponeringen og udformningen af deres betjeningsorganer, samt den klare farvekodning udgør en ergonomisk og sikkerhedsmæssig helhed af stor betydning for den daglige brug af systemet.

The S & W System 8000 is a persuasive, technically balanced, and attractive solution to a medico-technical problem.

System 8000 is constructed as a set of building blocks and makes it possible to combine precisely the group of components needed for the individual patients.

The action of fitting the modules together secures in one operation the mechanical and electrical connection. In conjunction with the accompanying modular base (for wall-mounting by the patient's bed), the system forms an orderly unit, irrespective of the modules employed.

The visual display, together with logical grouping and design of the controls, and the use of a distinctive colour-code system, are factors of great ergonomic and safety significance in the everyday use of the system.

1979

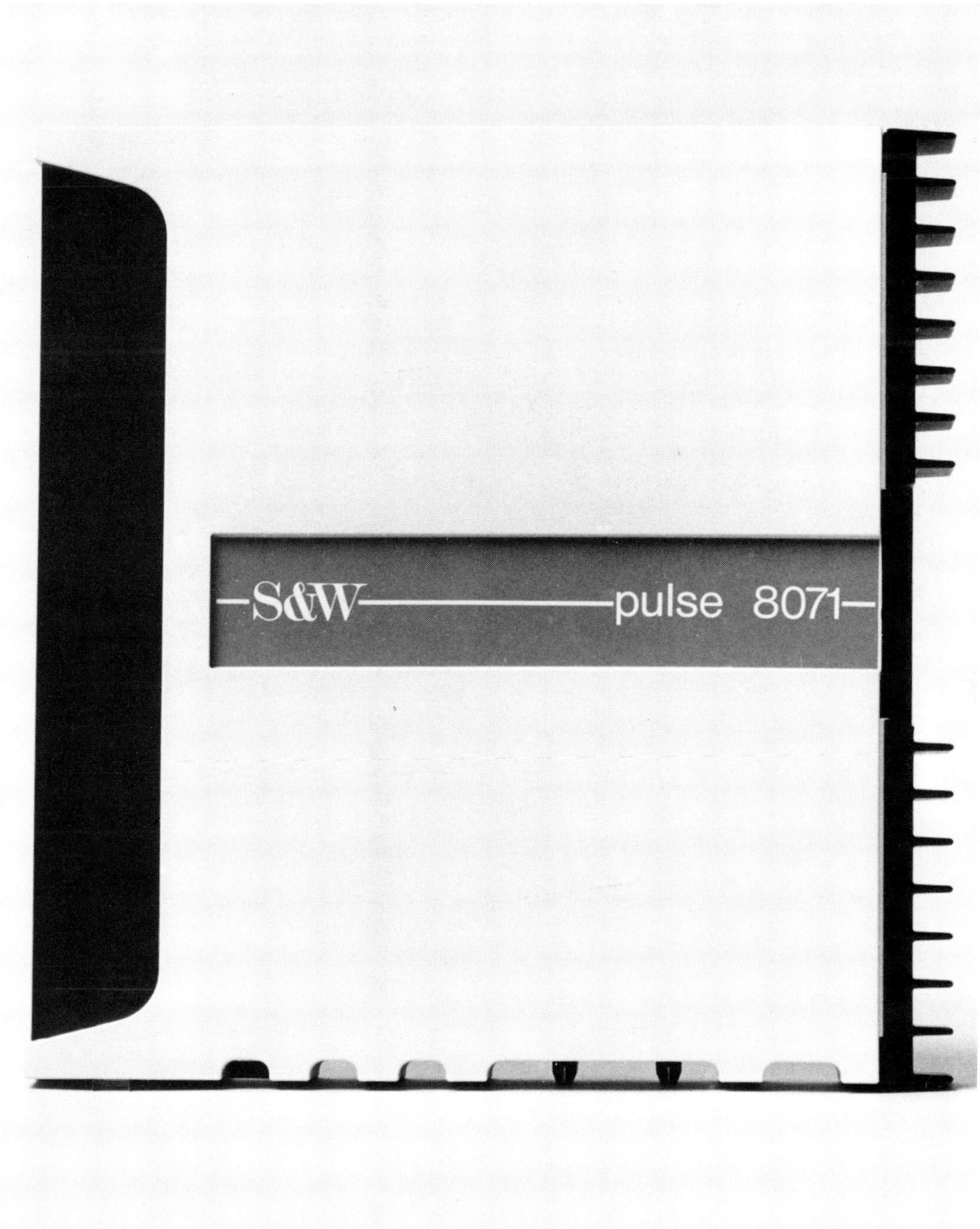

Produkt/Product:
Patient Monitoring System 8000

Design:
Harry Haun (S & W)

Producent/Manufacturer:
S & W Medico Teknik A/S

Navne/Names:
Emil Jespersen, 1929
Ib Sidenius, 1934
Peter Purup Sørensen, 1941

Titel/Title:
M.Sc.

Firma/Company:
DISA A/S

Disacore 2046 er en maskine til fremstilling af støbekerner i en proces, der er koordineret og synkroniseret med formfremstillingen i Disamatic maskinen.

Disacore 2046 anvender tre halve kernekasser, hvoraf de to er ens og monteret på en rotor. Denne kan drejes 180° og går på skift i indgreb med en modsvarende tredie halvdel, som er monteret på en slæde. Herved er det muligt at aflevere den netop fremstillede kerne, samtidig med at det næste sæt kerner bliver fremstillet. Denne nye funktionsmetode gør det muligt at fremstille kerner i takt med en Disamatic, d.v.s. i 10 sekunders følge.

Maskinen fremtræder som en kompakt enhed i en enkel, formålsbestemt udformning. Alle mekaniske funktioner er indkapslet med dækplader og låger under hensyn til såvel miljøkrav som tilgængelighed for vedligeholdelse og reparation. Der er adgang til kernekasserne gennem skydedøre på begge sider af maskinen, forsynet med ruder, så operatøren kan følge arbejdsprocessen.

The Disacore 2046 is a machine for the production of foundry cores in a process co-ordinated and synchronised with mould production in a sister-machine, the Disamatic.

The Disacore 2046 employs three half moulds; two of these are identical and mounted on a rotor. The rotor swivels 180°, engaging in alternate cycles with a corresponding, third half, which is mounted on a slide. This arrangement permits discharge of one core while the next set is in the process of manufacture.

The machine is compact and obviously purpose-built. All mechanical functions are enclosed behind protective casing and hatches to accomodate environmental and service/repair requirements. Core-boxes can be reached through sliding doors on both sides of the machine. The doors are provided with inspection windows, permitting the operator to follow every stage of the production.

Det var en omvæltning i støberiet, da Disamatic fremkom i 1960'erne. Med disse maskiner blev fremstillingen af sandforme automatiseret, rationaliseret og befriet for sundhedsfare. Den prisbelønnede Disamatic System 2070 har skabt nye normer for produktionskvalitet, hastighed, pladskrav, betjening, sikkerhed og arbejdsmiljø.

Disamatic 2070 består af en række enheder, som udfører hver sin delproces, omfattende formning, ilægning af kerner, fremføring af formene og afkøling af disse efter støbning.

Anlæggets betjeningskomponenter er delt ud på forskellige betjeningstavler, som er anbragt ved de respektive funktionssteder. Alle betjeningsgreb er forsynet med klare symboler, og maskinens elektroniske styring udelukker i princippet fejlbetjening.

Introduction of the Disamatic in the 1960s completely revolutionised foundry work. The new machine automated and streamlined the process of sand-mould production, removing the traditional health hazard. The award-winning Disamatic 2070 system is based on the same principle, and has established new standards for production quality, speed, space requirements, operation, safety, and working environment.

The Disamatic 2070 comprises a series of integral units, each performing one stage of the production process: moulding, core insertion, transport of moulds, and cooling of moulds after casting.

Controls are grouped on a series of panels situated at the respective operating points. All controls are clearly marked with symbols, and in principle incorrrect operation has been rendered impossible by electronic safety devices.

1979

Produkt/Product:
Disacore 2046

Design:
Ib Sidenius (DISA)
Emil Jespersen (DISA)

Producent/Manufacturer:
DISA, Dansk Industri Syndikat A/S

Produkt/Product:
Disamatic 2070

Design:
Peter P. Sørensen (DISA)
Emil Jespersen (DISA)

Producent/Manufacturer:
DISA, Dansk Industri Syndikat A/S

Navn/Name:
Povl Hjelt, 1921

Titel/Title:
Generaldirektør for DSB, 1970-81
Director General of the Danish State Railways 1970-81

1979

Povl Hjelt:
Det, der slog mig ved min tiltræden som generaldirektør for DSB var, at virksomheden havde arvet store værdier fra gammel tid – og samtidig, at der var behov for produktudvikling og for at give DSB et nyt image.

Et af vore væsentligste midler til at gennemføre denne fornyelse var design. Organisatorisk fik dette bl a det udtryk, at DSB ansatte en designchef, arkitekt Jens Nielsen, som fik kontor kun to døre fra mit.

DSB er jo samfundets virksomhed, og det har præget vort design. Vi ville gerne være ægte danske og opfattes som noget, man kan stole på, noget man opfatter som sit eget. Ser man på vore farver, skilte, skriftsystemer, tog og færger, vil man se, at de bærer præg af soliditet og tryghed – og at de røde tog liver op i det danske landskab. Ideen var, og er, at overalt, hvor man ser et eller andet i DSB regie, skal man kunne sige, at det der, det er DSB.

Gennemførelsen af DSBs design-program var præget af dansk snusfornuft. Tingene måtte ikke koste noget. En vogn blev først malet i de nye DSB farver, når den alligevel skulle males om. Vi viste på mange områder i praksis, at tingene ikke behøver at blive dyrere, fordi de er smukt designede og funktionsrigtige. Det nye DSB skiltesystem er et eksempel på, at en ting godt kan blive klarere og teknisk mere hensigtsmæssig, og samtidig blive billigere.

For mig er design et begreb, som præger alle sider af virksomhedens fremtræden og adfærd. Design er ikke kun et spørgsmål om farve og form, men stiller også krav til produkt-kvalitet og service. De nye intercitytog med afgang hver time og de »stive« køreplaner er således en del af den fornyelse, der har befordret design-begrebets gennemførelse i DSB.

Og jeg har da haft fornøjelsen at opleve de mere eller mindre skeptiske udsagn og karikaturtegninger om vore design-bestræbelser ebbe ud og blive erstattet af en generel anerkendelse af, at DSB har fået en linie i sin fremtræden, som ikke bare er camouflage, men som dækker over bestræbelserne for en god funktion. Tog af høj kvalitet – og til tiden. *Pi*

Povl Hjelt:
What struck me when I started as Director-General of DSB, was that we had inherited things of great value from earlier times, and yet there was a need for product development to give DSB a new image.

One of the most important means for carrying out this renewal was design. As far as organization was concerned this found expression in the employment of a Design Director, architect Jens Nielsen.

DSB is a public concern, and that influences our design. We want to be genuinely Danish and to be considered as something that can be relied on, something one feels is one's own. If you look at our colours, signs, typography, trains and ferries, you will see that they are characterized by solidity and security. The idea was that wherever you see something that is part of DSB, you can immediately call to mind DSB.

Carrying out DSB's design programme was characterized by prosaic Danish Common sense. Costs must be kept to a minimum. A carriage was painted the new DSB colour when it needed painting anyway. In many areas things do not need to be more expensive because they are well-designed and functional. The new DSB sign system is one example of how something can be clearer and technically more appropriate, and still be cheaper.

For me design is a concept which influences all aspects of the concern's appearance and behaviour. Design is not just a question of colour and form, but also makes demands on product quality and service. The new intercity trains which depart every hour, and the »rigid« timetables are thus part of the renewal that has conveyed the design concept throughout DSB.

And I have had the pleasure of experiencing how the more or less sceptic remarks and caricatures about our design efforts are ebbing away, and being replaced by a general recognition that DSB has obtained an image that is not just a camouflage, but which represents a striving toward functional excellence. Trains of high quality, and on time.

Produkt/Product:
S-tog Litra FC/MC
Suburban train

Design:
Scandia-Randers + DSB

Producent/Manufacturer:
Scandia-Randers A/S + DSB

De forskellige komponenter i det prisbelønnede S-tog danner et æstetisk hele, som vidner om et godt og inspireret samvirke mellem de mange implicerede eksperter.

DSB S-toget er opbygget som en svejst stålkonstruktion, formet i faste jigs. Ved en facetteret sidelinie er vognkassens tværsnitsmål udvidet, hvorved der er skaffet større albuerum for passsagererne end normalt i jernbanemateriel.

Apteringen er opbygget af præfabrikerede elementer, som er akustisk dæmpet i forhold til vognkassen. Belysningen er lavtsiddende og blændfri ved hjælp af en nyudviklet, lineær optik. Sæderne er opbygget som skaller af stål og aluminium, polstret med rene uldstoffer. Alle materialer er udviklet til det hårde slid, et S-tog udsættes for.

S-togets førerplads er, i tæt samarbejde med brugerne, gennemarbejdet ergonomisk og miljømæssigt.

The many components of the prize-winning railway coaches form an aesthetic union – proving once again that a firm design policy can provide a sound background for the work of many different experts.

The new DSB »S« coach is based on a welded steel structure upon rigid jigs. The facetted side-line has permitted the effective cross-section of the coach body to be widened to give passengers more elbowroom than rolling stocks of this type normally provides.

The interior is fitted out with prefabricated units which are acoustically absorbent in relation to the coach body. Lighting is mounted low and is of the non-glare type. Seats are basically formed in steel and aluminium, upholstered with pure wool fabrics. All materials have been specially developed for the hard, everyday wear.

The driver's station has been planned to accomodate the ergonomic and environmental requirements.

Den prisbelønnede elektroniske hastigheds-variator til asynkrone motorer opfylder et klart behov i mange sammenhænge, men er tillige i sin opbygning og skikkelse udtryk for en avanceret tankegang med hensyn til indbygning, brug og vedligeholdelse.

VLT frekvensomformeren er opbygget af to apparatkapsler i ekstruderet aluminium, samlet omkring et centralt chassis. Dette chassis danner en dobbelt luftskakt, som sikrer kølingen og tilvejebringer en termisk adskillelse mellem komponenterne. Samtlige dele er monteret på chassiset, som derved udgør den egentlige funktionelle enhed.

Indkapslingen er hængslet med henblik på tilgængelighed af apparatet for eftersyn og reparation. Selve chassiset er ligeledes opbygget af hængslede enheder, der lader sig åbne som en bog. De indbyrdes elektriske forbindelser er udført ved hjælp af stik. Denne konstruktionsform frembyder store fordele ikke blot i produktion, men også ved service og evt. udskiftning af komponenter.

The prizewinning electronic speed variator for asynchronous motors fulfills an obvious need in many situations, but in its design and form it also bears witness to sophisticated thinking with regard to integral fitting, use, and maintenance.

The frequency transformer comprises two apparatus casings in extruded aluminium, mounted on a central chassis. The latter forms a double ventilation shaft, while at the same time providing thermal separation of components. As all components are mounted on the chassis, which thus comprises the primary functional unit.

The casing is hinged to facilitate access for service and repair. Similarly, the chassis consists of hinged components which swing open like the pages of a book. Electrical connections are of the plug-and-socket type, offering major advantages in manufacture, service and replacement.

MUSK OX branddragten er skabt med henblik på et maksimum af beskyttelse, komfort og nemhed i brug for brandmanden.

Dragten er en overtræksdragt, som man kan iføre sig på 1 minut umiddelbart før udrykning. Brugerens krav før, under og efter indsatsen er tilgodeset i en lang række detaljer i stofvalg, opbygning og bestykning, som tilsammen danner et praktisk og visuelt hele.

Konstruktionen tager hensyn til brand-mandens øvrige mundering, og til de særlige belastninger, bæreren udsættes for under indsatsen. Også brandmandens bekvemme-lighed efter indsatsen er tilgodeset, idet der bl.a. kan skaffes hurtig ventilation til kroppen, når der er behov herfor.

Dragtens foer er hvidt, så brugeren umiddel-bart vil kunne se, når dragten trænger til vask. Der er således også i farvesætningen taget hensyn til dragtens funktion og til dens visuelle signalvirkning som kendetegn for rednings-mandskab.

The MUSK OX fireman's suit has been designed to provide maximum protection, comfort and ease for the wearer.

The uniform is made of selected materials and demonstrates an appreciation of the wearer's requirements before, during, and after firefighting work. These requirements are accommodated by many useful details in choice of materiel, design and trimming.

The uniform is designed as an overall which can be put on within 60 seconds, the instant the officer is called out. The design accommodates the fireman's other equipment and the stresses to which the wearer is exposed during the course of his work. The fireman's comfort on completion of his work has not been forgotten: the suit can be opened strategically and rapidly for ventilation.

The suit is lined with a white material for hygienic reasons: the user can see at a glance when the uniform requires washing. The colour »code« of the uniform is thus an important part of its function.

Produkt/Product:
VLT 1+2 Variable Speed Drive
frekvensomformer/
frequency transformer

Design:
Kjeld Lehmann (Danfoss)
Arne Riisager Rasmussen (Danfoss)
Tom Kastrup (Danfoss)

Producent/Manufacturer:
Danfoss A/S

Produkt/Product:
Nomex indsatsdragt/turn-out suit

Design:
Henning Hansen (Musk Ox)
Frede Hansen (Musk Ox)

Producent/Manufacturer:
A/S Musk Ox

Navn/Name:
Christian Bjørn, 1944

Titel/Title:
Designer MAA IDD

Firma/Company:
Christians Bjørns Tegnestue

Christian Bjørn:
Christian Bjørn har med sin kompagnon Per Boelskifte praktiseret som designer i 10 år. Han har modtaget ID prisen 1980 for den første af en serie af nye højtryksrensere for Gerni A/S.

Christian Bjørn ser designeren som medlem af et team:

»Designeren skal kende sin klients tekniske muligheder og begrænsinger, og han skal identificere sig med virksomheden. Det gør han bedst ved at arbejde tæt sammen med virksomhedens egne folk. Han er trænet i at se på helheden i et produkt. Det er hans opgave at give produktet en identitet, som samtidigt skal afspejle virksomhedens personlighed.

Før vi gik igang med Gernis nye højtryksrenser var jeg rundt med et kamera for at se, hvordan brugerne anvender maskinerne. Mange steder blev de brugt som rambukke til at åbne døre med. De var svære at manøvrere, og brugerne brokkede sig over brugsanvisningerne, som altid blev væk.

Derfor gav vi den nye højtryksrenser et stel, som også kan fungere som kofanger. Den fik større hjul og håndtag for at gøre den mere manøvredygtig. Brugsanvisningen blev trykt direkte på højtryksrenserens top.«

Christian Bjørns tegnestue er begyndt at tage opgaver i »totalenterprise«:
»Vi deltager ikke kun i udviklingen af selve produktet, men også i planlægningen af kommunikationen om produktet. Vi skræddersyr tegnestuen og laver ad hoc-grupper med egen grafiker og fotograf. Så får vi et »helt« produkt.

Design er et effektivt redskab til kommunikation. Det er budskabet fra vore kunder. Mange af vore »nye« opgaver er opgaver for »gamle« kunder, som f.eks. ønsker at udbygge et enkelt design til design af en hel produktlinie.« *BC*

Christian Bjørn:
Christian Bjørn and his partner Per Boelskifte have worked as designers for 10 years. Bjørn received the ID Prize in 1980 for the first of a series of new high-pressure cleaners for Gerni A/S.

Christian Bjørn sees designers as members of a team:
»The designer should know his client's technical potentials and limits, and he should identify with the company. He can do this best by working closely with the company's own people. He is trained to see the product in its entirety. It is his job to give the product an identity, which at the same time will mirror the personality of the company.

Before we started to work on Gerni's new high-pressure cleaner, I went around with a camera. At many places machines were used as battering rams to open doors. They were difficult to manoeuvre and the users roundly cursed the instructions for use which were always getting lost.

That is why we gave the new high-pressure cleaner a frame which could also serve as a bumper. We gave it larger wheels and a handle to make it more manoeuverable. The instructions for use were printed directly on the top of the machine.«

Christian Bjørn's studio has begun to take on »package-deals.«

»We participate not only in the development of the product itself, but also in planning its communication. We »tailormake« the studio and establish ad hoc groups with our own graphic designer and photographer. That way we get a »total« product.

Design is an effective communication tool. It is the message from our customers. Many of our »new« projects are for »old« customers who, for example, want to expand a single design into the design of a whole product line.«

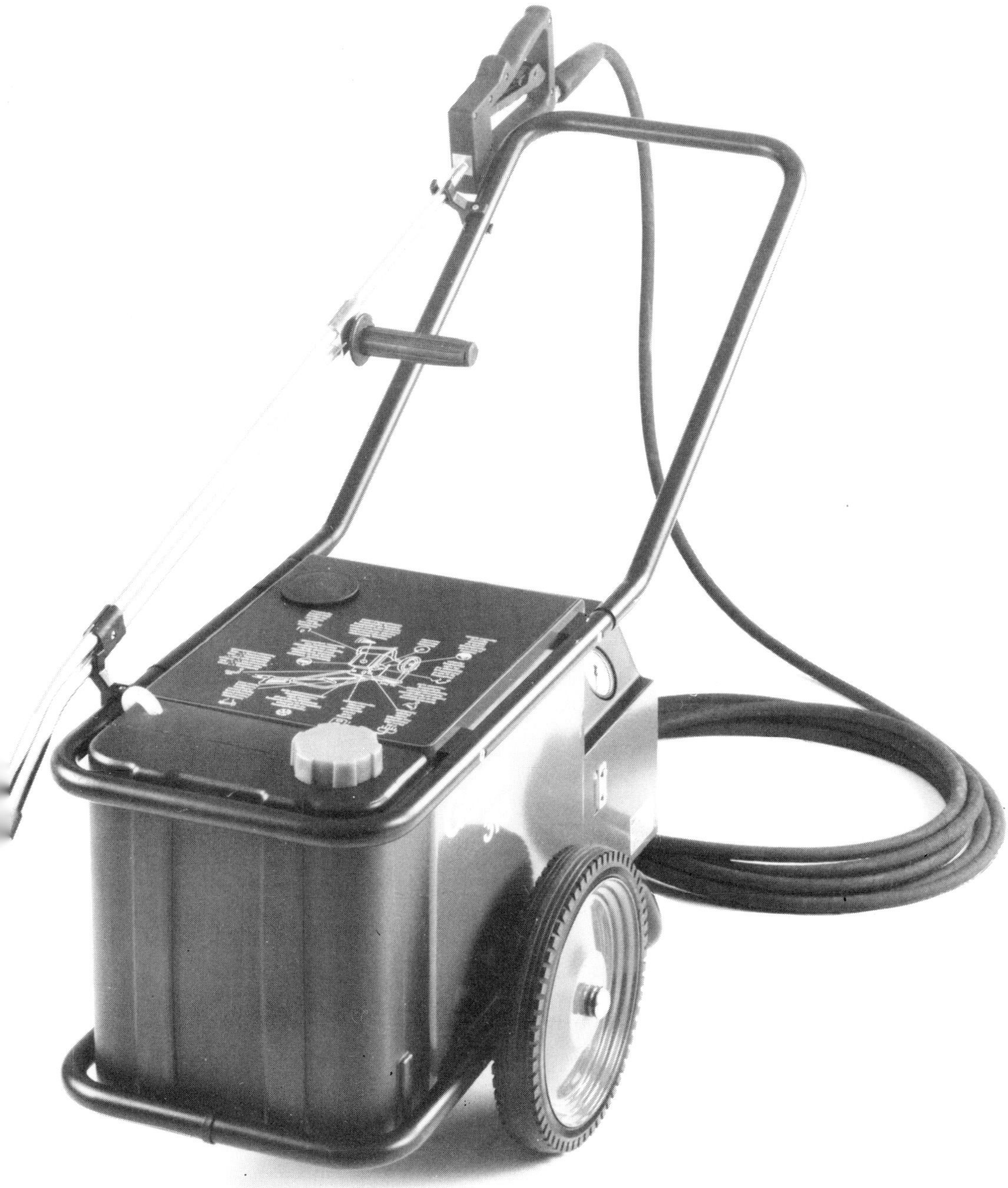

Produkt/Product:
Gerni 313, 318, 320
højtryksrenser/high-pressure cleaner

Design:
Christian Bjørn MAA IDD
Eskild Tjalve M.Sc.EE
Hans Peder Frigaard (Gerni)

Producent/Manufacturer:
Maskinfabrikken Gerni A/S

Gerni højtryksrenseren er robust, selvfølgelig og regulær i sin udformning.

Maskinens enkelte dele er integreret på en naturlig måde i hovedformen. Greb, instrumenter og komponenter tilhører samme familie, og også maskinens typografi og det tilhørende brochuremateriale er i god overensstemmelse med det samlede formsprog.

Konstruktionen rummer en række praktiske detaljer: De store, gode greb, som er lette at betjene, også med handsker på. De store hjul letter kørslen, også på ujævnt underlag. Fender og beskyttelsesbøjle er integreret i konstruktionen, og brugsanvisningen trykt direkte på toppen af maskinen.

Gerni højtryksrenseren anvender en nyudviklet, kompakt enakslet pumpe. Motoren er anbragt, så den opvarmer brugsvandet i maskinens tank. Vandet fungerer derved som en art kølevæske og virker samtidig lyddæmpende.

The Gerni high-pressure cleaning unit is a robust tool, natural and simple in its design.

The different parts of the machine have been naturally integrated in a convincing fashion into the main structure. Handles, instruments, and other components belong to the same »family«. The typography of the machine matches its overall design.

The cleaning unit features a number of practical details. The big handles which are easy to operate, also for users wearing gloves. Big wheels ensure easy movement, also on an uneven surface. The fender is well integrated into the overall construction, and the user's manual is printed straight on the top of the machine.

The Gerni cleaning unit applies a newly developed, compact single axled pump. The engine heats the water in the tank of the machine. In this way the water at the same time acts as a cooling and a sound proofing agent.

LEGO systemet bygger på et enkelt princip, som gennem en hel generation har gjort LEGO klodsen til et legeredskab med ubegrænsede muligheder for børn verden over.

Kombinationerne af LEGO klodsen kan varieres i det uendelige. Der er samtidig tale om legetøj i plastic af fremragende styrke og finish og med utroligt fine produktions-tolerancer.

Gennem en målbevidst produktudvikling har LEGO – også efter udløbet af det oprindelige patent – formået at bevare og udbygge det globale marked. Virksomheden har fornyet sig igen og igen, bl.a. gennem introduktionen af nye byggesætfamilier. Specielt rum-serien indeholder et meget inspirerende formsprog.

Udviklingen af LEGO produkterne er ledsaget af en målbevidst markedsføring. Emballager og brugsanvisninger er af høj kvalitet, og det er lykkedes at nå frem til en kommunikation gennem billeder, som er forståelig også for brugere, der ikke kan læse.

The LEGO system is based upon a simple principle which, for a whole generation, has made the LEGO bricks a toy appealing to the imagination of children all over the world.

The combination of the LEGO bricks can be varied indefinitely. In addition it is a toy made of plastic of excellent strength, finish, and incredibly fine production tolerances.

By intelligent product development and innovation LEGO – also after the expiration of the original patent – has maintained and expanded its global market. The company has renewed its products range over and over again, e.g. by the introduction of new ranges of building kits. Especially the Space-range of products incorporate a use of form bound to inspire children.

The development of the LEGO product has been accompanied by effficient marketing. Packaging and directions for use are of high graphical quality, and the company has succeeded in making its message understood also by LEGO's very young users.

1980

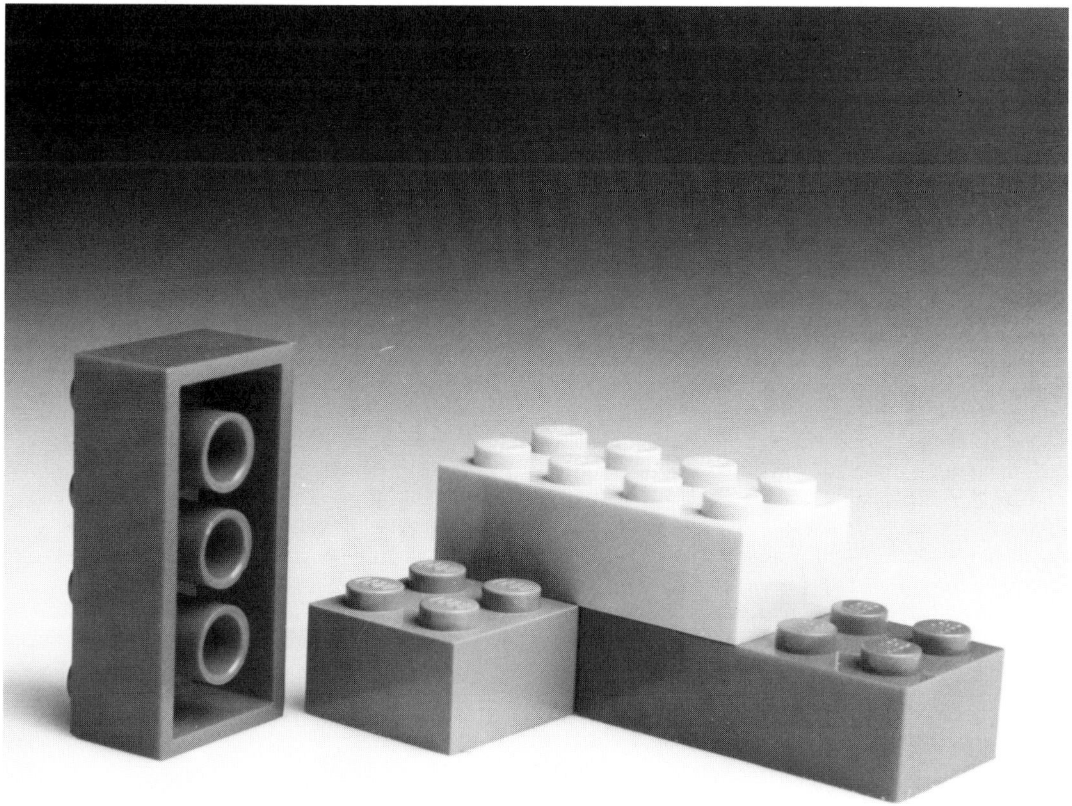

Produkt/Product:
LEGO Systemet
The LEGO System

Design:
LEGO

Producent/Manufacturer:
INTERLEGO A/S

Navn/Name:
Niels Gammelgaard, 1944
Lars Mathiesen, 1950

Titel/Title:
Arkitekter/Architects MAA IDD

Firma/Company:
Pelikan Design

RABO tricyklerne og de øvrige legeredskaber i serien har genoptaget en kvalitetstradition fra den tid, da legetøj kunne gå i arv gennem flere generationer og på den måde være med til at give børn en fornemmelse for kvalitet og god funktion i vore daglige redskaber.

Den entreprenørgule farve leder tanken hen på solidt, terrængående materiel. Legeredskaberne lever op til denne signalvirkning ved, at der ikke er gået på kompromis i udførelsens detaljer.

Tricyklens stel, som er udført af rør i et sammenhængende forløb, er i sig selv en pædagogisk illustration af et konstruktivt princip. På trods af en sammensat funktion er det lykkedes at give stellet en elementær udformning, som må tiltale børn.

RABO serien er fuld af kvalitet, fantasi og glæde.

The RABO tricycles and the remaining play-tools in the range have revived the traditional sense of quality from times when toys were inherited through generations – thus helping children to develop an experience of quality and good functioning in our everyday tools.

The warm yellow colour has association with heavy earth-moving equipment. The playthings themselves live up to this image by not compromising, not even in the less important details of manufacturing.

The frame of the tricycle is made from a continuous tube and is in itself a pedagogical illustration of a structural principle. Despite its compound function, the designers have succeeded in giving the frame an elementary shape which is bound to appeal to children.

The RABO range of play-tools is full of elementary qualities, imagination and joy.

1980

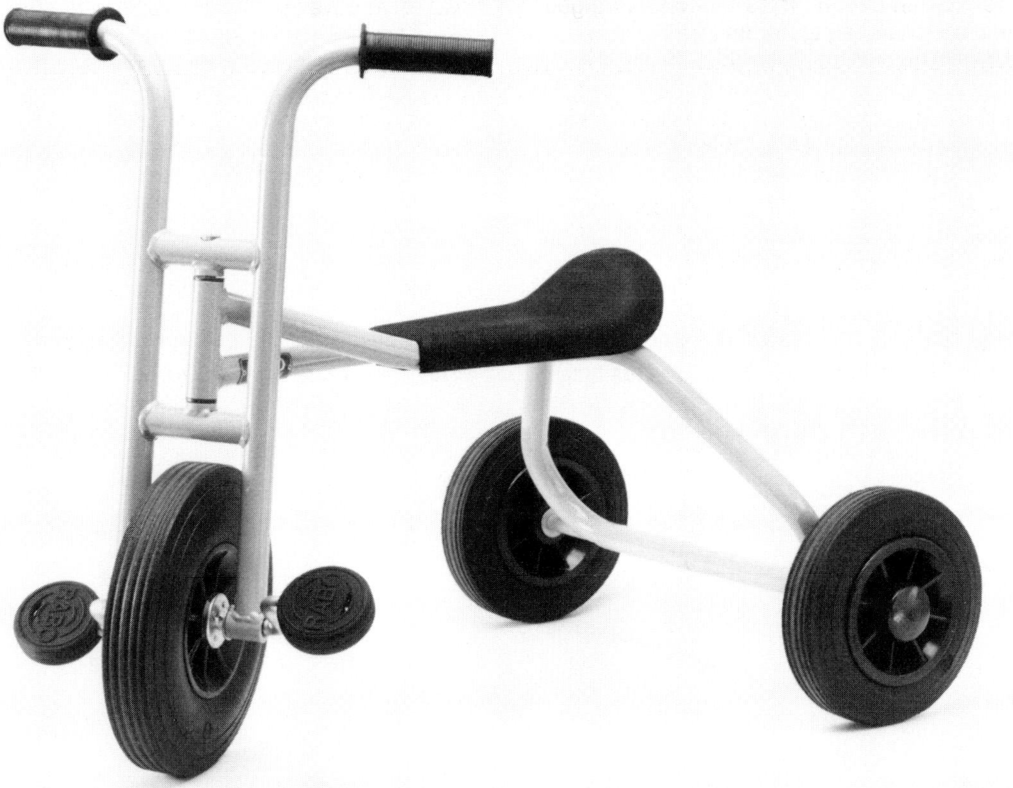

Produkt/Product:
RABO tricykler/tricycles

Design:
PELIKAN DESIGN MAA IDD

Producent/Manufacturer:
RABO ApS

Navn/Name:
Jørgen Schlegel, 1933

Titel/Title:
Designer

Firma/Company:
Jørgen Schlegel

Flex 102 cc Dental Unit'en er næsten et skoleeksempel på god industri-design.

Den modulære opbygning gør det muligt for tandlægen at tilpasse instrumentvalg og instrumentplacering individuelt og at udbygge systemet med nye funktioner. Samtidig sikrer opbygningen hurtig og effektiv service.

Tandlægen kan frit indrette sin arbejdsstilling i forhold til patienten, idet instrumentholderen er konstrueret med stor bevægelighed og holderen og instrumenterne er afbalanceret med henblik på let manøvrering og tilgængelighed.

Unit'en betjenes af en pedal og styres af en mikroprocessor. Mikroprocessoren er programmeret, så den hindrer fejlbetjening.

Flex 102 cc er et eksempel på en begavet forening af form og funktion til et hele. Unit'en er udviklet i et forbilledligt samarbejde mellem designer, en gruppe tandlæger og virksomhedens egne teknikere og ledere.

The Flex 102 cc Dental Unit is a textbook example of good industrial design.

The modular design makes it possible for the dentist to adapt the choice of instruments and to adjust their position individually, and to extend the system with new functions. The modular design also makes it possible to service the equipment quickly and effectively.

It is possible for the dentist freely to change his working position because of the high mobility of the arm of the unit and also due to the well balanced and easily accessible instrument holder.

The unit is operated by a pedal, connected to a micro-processor. The micro-processor is programmed to prevent faulty use of the equipment.

The Flex 102 cc is an example of an intelligent unification of form and function. The unit has been developed in a model cooperation between the designer, a group of dentists, and the company's own staff.

Radiometer har med ABL serien gennemført et teknologisk pionérarbejde, først gennem introduktionen af ABL 1 i 1973 som det første automatiske system til blodgasbestemmelse, og siden med ABL 3 systemet med samme funktion, men nu udbygget med en datamat og video display.

ABL 3 udstråler gennem sin forarbejdning og detaljering en kvalitet, som virker tillidvækkende og helt svarer til dets teknisk-videnskabelige niveau.

Det er bemærkelsesværdigt, at et så sammensat elektro-medicinsk apparat har kunnet bibringes en så helstøbt form.

Den indbyggede datamaskine er et nyttigt redskab, bl.a. i kraft af det godt udbyggede og veldokumenterede programmel, som er med til at gøre det næsten selvforklarende for brugeren.

ABL systemets tekniske egenskaber er på en række afgørende punkter tilsvarende systemer overlegent.

With the ABL series, Radiometer has made a technological breakthrough, in 1973 by introducing the model ABL 1, the first automatic system in the world for the determination of the content of gasses in blood, and in 1980 by introducing the ABL 3 with the same function, but now incorporating a mini computer and a video display unit.

The quality of the manufacture and the attention to details give the ABL 3 an immediate sense of reliability which matches the technical and scientifical standing of the equipment.

It is remarkable that so complex a piece of electro-medical equipment has been given a form of such integrity.

The built-in computer is a useful tool, also due to its comprehensive and well documented software.

Finally the technical properties of the ABL 3 are, in many important respects, superior to those of its leading competitors.

1980

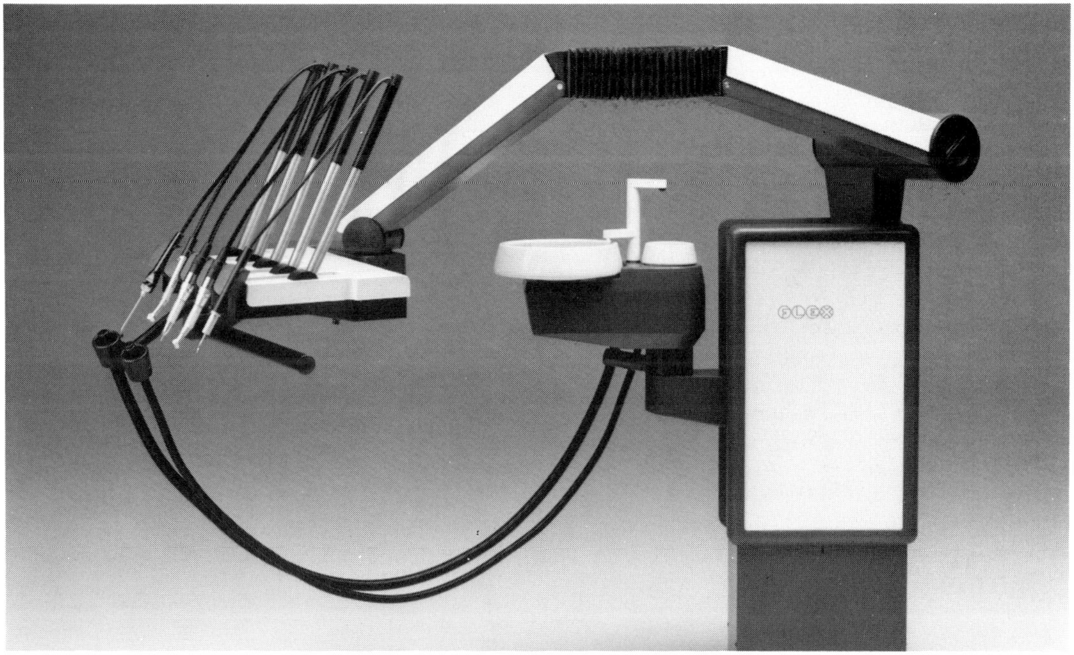

Produkt/Product:
Flex 102 cc Dental Unit

Design:
Flemming Allan Hansen (Flex)
Kim Sørensen (Flex)
Frank Henrichsen (Flex)
Jørgen Thomsen (Flex)
Jørgen Schlegel

Producent/Manufacturer:
A/S FLEX Dental

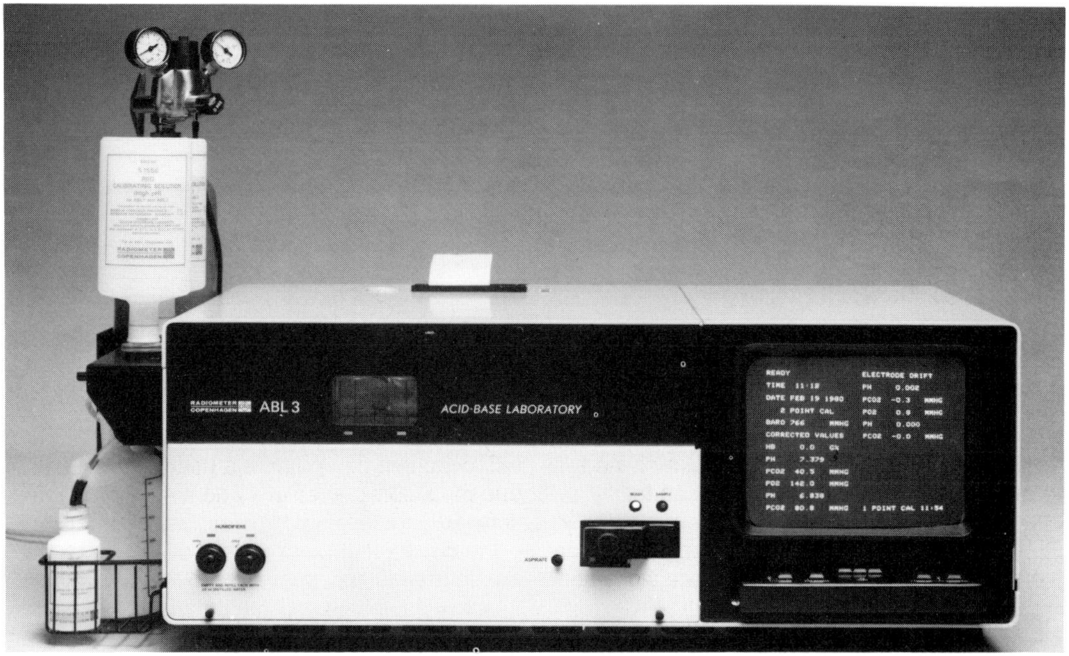

Produkt/Product:
Radiometer ABL
blodgas analysator/
acid base laboratory

Design:
Olav Gundersen (Radiometer)
Gert Kokholm (Radiometer)

Producent/Manufacturer:
Radiometer A/S

Navn/Name:
Steen Zink, 1937

Titel/Title:
Arkitekt/Architect MAA IDD

Firma/Company:
Steen Zink ApS

Philips perronarmatur fremtræder i en enkel, karakteristisk form, der egner sig lige godt til montage på væg og på stander.

Armaturet er en del af et system baseret på en ekstruderet profil, som udnyttes til en kombination af lys- og højttalerarmaturer opsat i forbindelse med almindelige skiltesystemer.

Armaturets gennemskinnelige del er fremstillet af polycarbonat og invendigt profileret med henblik på en hensigtsmæssig lysfordeling. Denne kan i øvrigt ændres ved at forskyde lysrøret inde i armaturet.

Armaturets robuste udformning og anonyme karakter er med til at sikre det mod overlast – både ved at armaturet ikke inviterer til hærværk og ved, at det tåler hårdhændet behandling.

The Philips railway light fittings have a simple, yet characteristic form for mounting on a vertical or a horizontal surface.

The light fittings are part of a system based upon an extruded aluminium profile, which is used to combine lighting and loudspeaker units. The fittings may also be combined with standard sign systems.

The transparent part of the light fittings is made of polycarbonate, the inner profile of which is determined by optical considerations as to ensure a uniform distribution of the light. The distribution may be modified by changing the position of the fluorescent tube inside the fixture.

The robust shape of the light fittings and their anonymous character protects them against vandalism – both by psychologically not inviting vandalism, and by being able to withstand rough treatment.

Navn/Name:
Jan Trägårdh, 1931

Titel/Title:
Designer MAA IDD

Firma/Company:
Jan Trägårdh Design

Watex ekstraktionsmaskinen til daglig rensning af tæppebelægninger er robust og regulær i sin form.

Maskinen er let at betjene, næsten som en støvsuger, den er stabil under kørslen, behagelig fri for hjørner eller andre udsatte maskindele, og mindre og lettere end andre maskiner af tilsvarende ydeevne.

Motorens placering i bunden af maskinen giver et lavt tyngdepunkt, og udformningen af understellet som en ring, der bærer den tøndeformede krop, er enkel og rigtig.

Lukketøjet og bæregrebet er regulært udformede, og maskinens indre er i god overensstemmelse med den ydre form, samtidig med, at det letter rengøringen af maskinen.

The Watex 500 extraction machine for daily cleaning of carpeted floors is robust and regular in shape.

The machine is easy to use, nearly as easy as a vaccum cleaner. It is stable when being pulled along, without corners, edges and other protruding parts, and it is smaller and lighter than other machines with the same technical performance.

By placing the engine at the lowest possible point, a low centre of gravity has been obtained, and supporting the barrel-shaped body by a ring is a simple and natural solution.

The locking mechanism and the handle at the top of the machine are regular in shape, and the simple and rounded interior of the machine goes well with its exterior shape and at the same time makes it easy to clean.

Produkt/Product:
Perronarmatur type SZ
Light Fittings type SZ

Design:
Sten Zinck MAA IDD +
COWIconsult

Producent/Manufacturer:
Philips Lampe A/S

Produkt/Product:
Watex 500
Ekstrationsmaskine/
Extraction Machine

Design:
Gunnar Borgberg (Watex)
Bjarne Larsen (Watex)
Kaj Olsen (Watex)
Peter Thomsen (Watex)
I. Steen Rasmussen (Watex)
Jan Trägårdh MAA IDD

Producent/Manufacturer:
Steen Rasmussen Watex
Carpet Cleaning Machines ApS

Navn/Name:
Jan Trägårdh, 1931

Titel/Title:
Designer MAA IDD

Firma/Company:
Jan Trägårdh Design

FC 1 densitometer er et kompakt instrument, der kan anvendes til alle kendte lysmålinger i en grafisk virksomhed, såvel i refleksion som i transmission. FC 1 har indbygget en microprocessor til elektronisk udregning af højlysdensitet, billedomfang og flash-procent.

FC 1 arbejder uafhængigt af kamera og el-installationer. Det muliggør bl.a. tilrettelæggelse af dagens produktion i dagslys, uden for mørkekammeret.

Måleøjets placering i et stort vindue er med til at give densitometeret dets karakteristiske form, samtidig med at midterplaceringen gør det let og hurtigt at foretage målinger i selv meget små områder.

FC 1 kan betjenes med både venstre og højre hånd, og det er så godt som selvforklarende. Tal, tekster og greb er tydelige, og betjeningen er let og sikker. Materialer, overfladebehandling og grafik understreger instrumentets præg af saglighed og præcision.

The Eskofot FC 1 graphic densitometer is a compact instrument which can be applied for all light measurement types used in a graphical workshop, both in reflexion and in transmission. The FC 1 has a built-in microprocessor which electronically calculates the intensity of the highlight, the image range, and the flash percentage.

The FC 1 works independently of the repro-camera and of electrical installations.

The placing of the light detector in the large »window« gives the FC 1 its characteristic shape, and it makes measurements in even very small areas easy and fast.

The FC 1 may be operated with both the left and the right hand, and it functions almost as its own user's guide. Numbers, text, and handles are clear, and the use of the instrument is simple and safe. A mark of objectivity and precision is added to the instrument by the choice of materials, the surface treatment, and the lay-out.

1981

Produkt/Product:
FC 1 Graphic Densitometer

Design:
Jan Trägårdh MAA IDD

Producent/Manufacturer:
Eskofot A/S

Navn/Name:
Jan Trägårdh, 1931

Titel/Title:
Designer MAA IDD

Firma/Company:
Jan Trägårdh Design

Jan Trägårdh:
Jeg vil lave tingene så entydige og så enkle og forståelige som f eks en skrue eller en sikkerhedsnål eller en knap med fire huller i. I vores teknologiske samfund, hvor tingene skifter så enormt hurtigt, må man tænke sig mere om end tidligere.

Det lyder mærkeligt, men jeg arbejder bedst, når jeg ikke tænker på tingene. Der sker en masse i mig, medens jeg rent bogstaveligt arbejder med andre ting. Så pludselig dukker disse løsninger op. Det lyder som trylleri, men det er præcis det, som sker hos andre kunstnere.

I virkeligheden er langt de fleste kreative mennesker autodidakte. D.v.s. man har sammensat sin viden og sine følelser ud af mængder af tilfældige påvirkninger.

Jeg fotograferer meget, tegner en del, går snart igang med at male. Det er væsenligt hele tiden at arbejde visuelt. Det er vores sprog. Som designere kan vi ikke skrive formler, vi kan lave tingene. Der hvor industrien laver pengene, der laver vi tingene.

Hver ting, som man producerer eller konstruerer findes der utallige løsninger på, så hvorfor ikke vælge den, som er smukkest. Der findes meget bras, og jeg tror ikke det er nemt at komme af med. Men måske er det en fordel, at braset findes, det gør det lettere at se det, som er bedst.

Vores sprog her i familien er ikke så meget ord, men mere noget visuelt f eks ting og billeder. Se på denne selvopståede collage. Den var blæst af en plakatsøjle på Nørreport station. For mig betyder den lige så meget som en Tom Krøyer plakat eller sådan noget. Altså stærke ting, hvor tilfældigheden har frit spil. Og jeg synes at meget af det indgår i min filosofi vedrørende industridesign, at ganske vist er vi fantastisk bundne, præcis som et skakspil er bundet, men der er så mange tilfældigheder, som gør, at det er virkelig spændende at arbejde med.

Jeg har heller ingen hobby. Det som jeg laver til daglig er min hobby. *Pi*

Jan Trägårdh:
I want to make things as unambiguous and simple and understandable as for example a screw, a safety pin or a button with four holes. In our technological society where things change so incredibly quickly, you have to think more carefully than before.

It sounds strange, but I work best when I am not thinking about things. A lot happens inside me, quite literally, when I am working on other things. Then suddenly these solutions pop up. It sounds like magic, but that is precisely what happens with other artists.

In reality, most creative people are autodidacts. That is to say one has put together one's knowledge and feelings from a great number of accidental influences.

I do a lot of photography, draw a good deal, paint. It is important to work visually all the time. This is our language. As designers we cannot write formulas, but we can make things. Where industry makes the money, we make the things.

Everything which is produced or constructed has countless solutions, so why not choose the most beautiful. There is a lot of rubbish, and I don't think it is easy to sell. But perhaps it is an advantage that such rubbish exists – it makes it easier to see what is best.

Language in our family is not so much words, but more something visual; objects and pictures. Look at this self-generated collage. It blew off an advertising pillar at Nørreport station. To me it means just as much as a Tom Krøyer poster or something like that. Strong things, where chance has free play. And I think that much of this is part of my philosophy concerning industrial design, that certainly we are very much bound by the rules, just as in chess, but there are so many chance happenings which make it really exciting to work with.

I don't have any hobby. What I do every day is my hobby.

Jan Trägårdh:

Denne selvopståede collage har jeg fundet. Den var blæst af en plakatsøjle på Nørreport station. For mig betyder den lige så meget som en Tom Krøyer plakat eller sådan noget. Altså stærke ting, hvor tilfældigheden har frit spil. Og jeg synes at meget at det indgår i min filosofi vedrørende industridesign, at ganske vist er vi fantastisk bundne, præcist som et skakspil er bundet, men der er så mange tilfældigheder, som gør, at det er virkelig spændende at arbejde med.

Musk Ox skovarbejder-benklæderne er den seneste i en lang række af dragter udviklet til professionel brug i samarbejde mellem producent og Skovstyrelsen.

Benklæderne har et indlæg af skærefast materiale, Kevlar (som også anvendes til skudsikre venste), der beskytter brugere af motorsave mod alvorlige beskadigelser, hvis saven smutter over på benet. Det skærefaste indlæg er påmonteret med Velcro/Astrakhan og kan fjernes under vask.

Skovarbejder-benklæderne er gennemtænkt både med hensyn til funktion og materialer.

Benklæderne er fremstillet af bomuldssatin som sikrer, at kroppen kan »ånde« gennem stoffet, samtidig med at skovarbejderen kan gå meget længe i underskoven uden at blive våd.

Benklæderne har specielle lommer, som passer til det værktøj, som skovarbejdere har med. Den tekniske udførelse er i enhver henseende på højde med den idé, der ligger i produktet.

The Musk Ox woodman's trousers have been developed in cooperation between the manufacturer and The Danish Foresty Administration.

The woodman's trousers include an insertion made of the cutting-proof material Kelvar (normally used for bullet-proof vests), which protects the users of chain saws if the saw hits the leg. The cutting-proof insertion is mounted by means of Velcro/Astrakhan and may be removed when washing the trousers.

The trousers are well designed with respect to both the function and the choice of materials.

The trousers are made as an overall in cotton satin. This ensures that the body is able to »breathe« through the fabric, at the same time allowing the woodman to walk long distances in the underwood without getting wet.

The trousers have special pockets made for the tools the woodman normally carries with him. The quality of the manufacturing corresponds, in all respects, to the quality of the idea inherent in the product.

Wavin plastbrønden er en pionér-indsats på brøndmarkedet, som traditionelt er et betonmarked.

Wavin plastbrønden sikrer gennem sin hensigtsmæssige form og sine glatte overflader, at gennemstrømningen i brønden bliver lige så effektiv som i den øvrige installation.

Brønden er baseret på rensning og inspektion foretaget fra terræn og baseret på moderne renseværktøj. Den kan herved i flere tilfælde, med en diameter på 315 mm, erstatte traditionelle 1-meter brønde.

Wavin rense- og inspektionsbrønden er en del af et system, der omfatter samtlige elementer i en normal spildevandsinstallation, inde i og uden for en bygning.

The Wavin plastic cesspool represents a pioneering effort on a market which is traditionally dominated by concrete.

The Wavin plastic cesspool ensures via its form and its smooth surface the flow at the pool bottom to be as effective as in the remaining installation.

The cesspool is based on cleaning and inspection carried out from ground level by means of modern rinsing equipment. It can, with its 315 mm diameter, in many cases replace a traditional 1 meter cesspool.

The Wavin cesspool is part of a comprehensive installation system which includes all the elements typically used in a sewer and drainage installation, inside and outside the building.

Produkt/Product:
Musk Ox skovarbejder-benklæder
Musk Ox woodman's trousers

Design:
Henning Hansen

Producent/Manufacturer:
Musk Ox A/S

Produkt/Product:
Wavin rense- og inspektionsbrønd/
Wawin cesspool

Design:
Christian Larsen (Wavin)
Uffe D. Nielsen (Wavin)

Producent/Manufacturer:
Nordisk Wavin A/S

Navn/Name:
Hans Dissing, 1926
Otto Weitling, 1930

Titel/Title:
Arkitekter/Architects MAA IDD

Firma/Company:
Dissing + Weitling, arkitektfirma

Lysotec-TM anvendes på hospitaler til bestemmelse af blodpropper i benenes dybe vener.

Instrumentet er baseret på detektion af radioaktive sporstoffer, og det udgør sammen med virksomhedens doseringssæt til fremstilling af injektionspræparatet en komplet metode til hurtig diagnosticering af dyb venethrombose.

I apparatet er indbygget en microprocessor, som styrer dets funktioner, sikrer korrekt målesekvens, foretager beregninger som grundlag for den lægelige diagnose, og udskriver rådata og behandlede data.

Instrumentet udstråler sikkerhed og robusthed, og det er helt frit for de signaler om drama og ulykke, der ufrivilligt præger meget andet elektro-medicinsk udstyr.

Instrumentet er enkelt og overskueligt, med en hovedform, som klart fortæller, at der er tale om et mobilt apparat. Det er formmæssigt velkomponeret og i sin opbygning af næsten arkitektonisk kvalitet.

The Lysotec-TM is applied in hospitals for the determination of blood clots in the deep venes.

The instrument is based upon the detection of radioactive tracing matter. Together with the firm's dosage kit used for the preparation of the dose to be injected, it constitutes a complete method for fast detection of deep venary thrombosis.

The instrument includes a microprocessor which controls its functions, ensures the correct sequence of measurements, makes calculations as a basis for the medical diagnosis, and prints out raw and processed data.

The instrument radiates confidence and robustness, and it is totally free of the signals of drama and hazard which, unintentionally, marks so much electro-medical equipment.

The instrument is simple and comprehensive, with a main shape which clearly signalises that it is a mobile instrument. It is well composed, and of an almost architectural character.

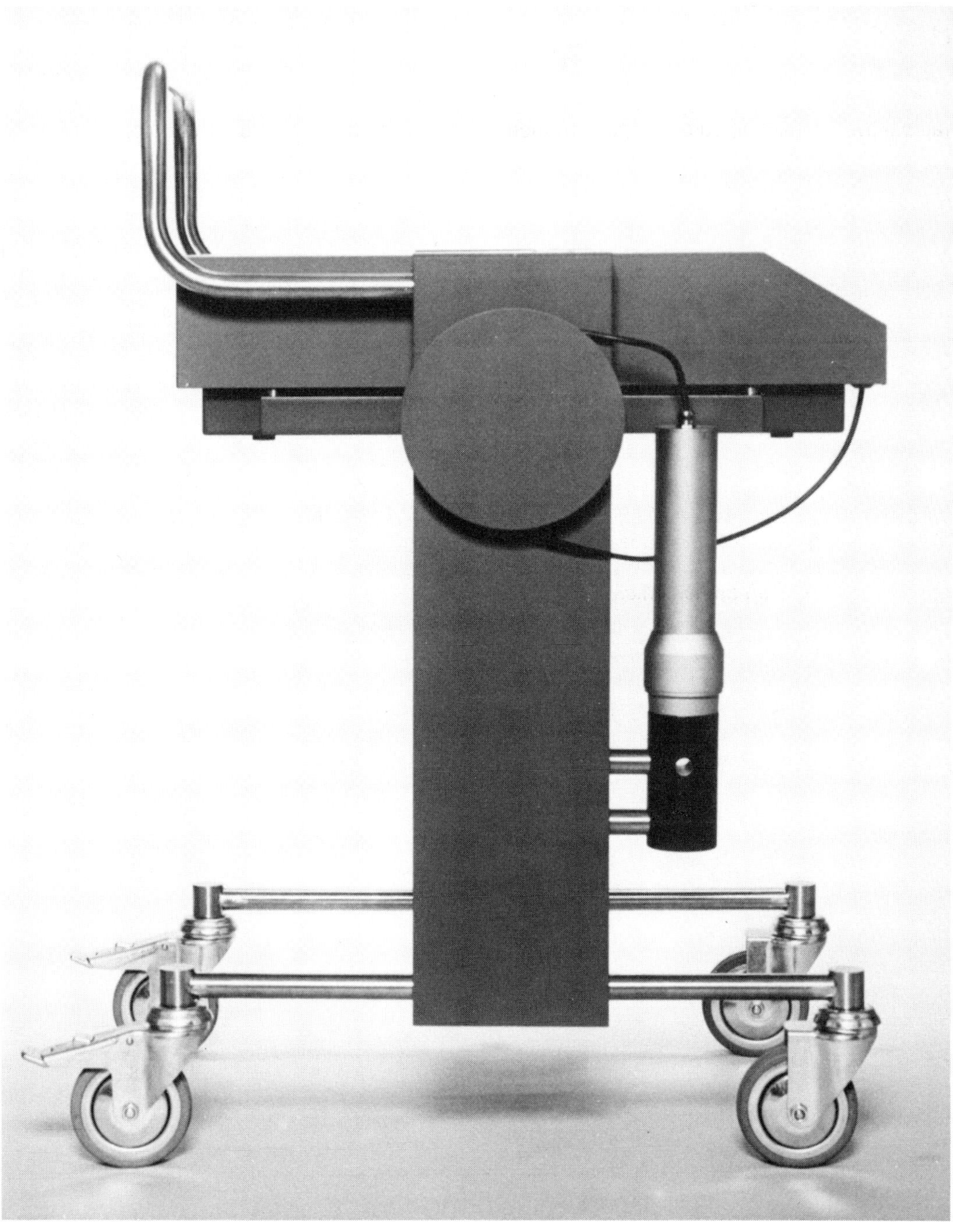

Produkt/Product:
Lysotec-TM
Radioisotopic Scanner

Design:
Arkitektfirmaet Dissing+Weitling MAA IDD
Teit Weylandt MAA IDD (assistant)

Producent/Manufacturer:
Novo Diagnostic Systems A/S

Navn/Name:
Lennart Goof, 1926

Titel/Title:
Fabrikant/Manufacturer

Firma/Company:
A/S L. Goof

Lennart Goof:
Da vi startede virksomheden her i Hørsholm, kiggede vi efter et specielt produktområde med store udviklingsmuligheder. Min svoger, som var tandlægeprofessor i Sverige, fortalte mig, at en trediedel af tandlægernes arbejde består i at behandle sekundær caries, altså huller, der kan opstå efter behandlingen af en tand, hvis amalgamet ikke fylder helt ud. Vort første produkt var et tandlægeinstrument, som søgte at løse dette problem.

Og da vi først var kommet ind på markedet, kunne jeg se, hvad der var at gøre i denne lille niche og på de områder, der grænser op til den. Vi fremstiller idag ikke kun instrumenter til tandlæger, men også til brug for f eks hjernekirurgi.

Jeg er oprindelig violinist. Det har givet mig en erfaring om brugen af instumenter, som også er til nytte for mig som producent af tandlægeinstrumenter. Jeg har brugt mange kræfter på at få flyttet tandlægens instrumentbetjening fra fod- til håndbetjening. For når man sidder og arbejder i munden på en patient og skal balancere på tre punkter, er det vigtigt, at man sidder afslappet, og alting er i ro, det er jo finmekanik. Med fodkontrol er du ude af balance. Denne simple observation er i virkeligheden banebrydende for vore produkters design.

Når man bygger et instrument, skal det på samme tid være funktionelt rigtigt og pænt at se på. Det er kernen i det, både for et musikinstrument og for et kirurgisk instrument. Jeg var så heldig at have en god ven, der var designer, David Lewis. Vi talte sammen om dette, og det blev til et samarbejde, der har strakt sig gennem mange år.

Man kan jo ikke kigge ind i et tandlægeinstrument. Men for folk, der har sans for, at det ser pænt ud, betyder det, at det også må være lavet pænt indvendigt. *Pi*

Lennart Goof:
When we started the firm here in Hørsholm we looked for a special product area with large development possibilities. My brother-in-law, who was a professor in dentistry in Sweden, told me that one third of the dentist's work consists in treating secondary caries, that is, holes which may occur after treatment of a tooth if the amalgam does not fill out the tooth completely. Our first product was a dental instrument which tried to solve this problem.

And once we had entered the market I could see what could be done in this small niche and in the areas bordering it. Today we produce not only instruments for dentists but also, to take an example, for brain surgery.

I started as a violinist. This has given me experience in using instruments, which is also useful for me as a producer of dental instruments. I have devoted much effort to changing the dentist's operation of instruments from foot to hand. Because when you are sitting and working on the mouth of a patient and have to balance at three points, it is important that you are relaxed and that everything is quiet – precision mechanics are involved. With foot-controls one is out of balance. This simple observation, in reality, breaks new ground for the design of our products.

An instrument should at the same time be functionally correct and attractive to look at. This is the crux of the matter, both for a musical and a surgical instrument. I was lucky enough to have a good friend who was a designer, David Lewis. We discussed things together, and this started a co-operation which has lasted for many years.

Now one cannot look inside a dental instrument. But for people who have a sense of attractive appearance, the inside should also be well-designed.

1982

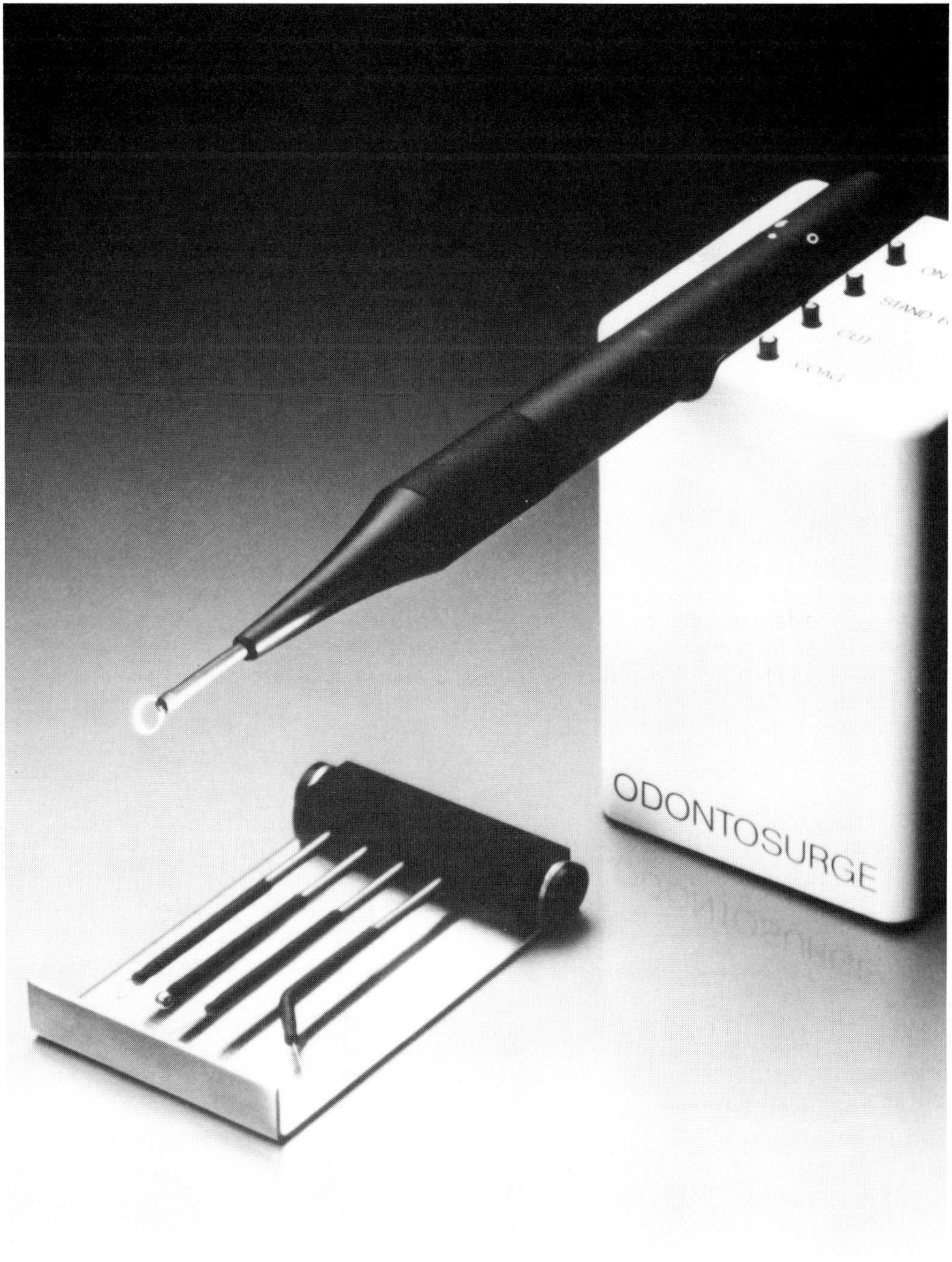

Produkt/Product:
Odontoson 3
Odontosurge
Odontosyringe 2

Design:
Davis Lewis IDD
Lennart Goof

Producent/Manufacturer:
A/S L. Goof

Instrumenterne anvendes til tandrensning, kirurgi i forbindelse med paradentose, og til rensning med vand eller luft omkring operationsstedet. Odontosurge har endvidere fundet anvendelse i en modificeret udgave inden for øjen- og hjernekirurgi.

Instrumenterne ligger godt i hånden. De er retningsbestemte og fremtræder i alle detaljer som redskaber til præcisionsarbejde. Kontakterne ligger, hvor hånden naturligt venter det. Rensningen er enkel på grund af formen, som er fri for hjørner eller kroge, som kan opsamle urenheder.

Instrumenterne er fri for det noget skræmmende præg, som tandlægeudstyr ofte har. De fremtræder næsten som diskrete skriveredskaber, præget af en anonym og naturlig saglighed. Designet er præget af sikkerhed i formen og af materialevalg, overflade og konstruktion af høj kvalitet.

Odontoson 3 anvender 42 kHz ultralyd til tandrensning. Den høje frekvens hindrer beskadigelse af tandoverfladen.

The instruments are used by dental surgeons for scaling, surgery in connection with paradentosis, and for cleaning with water or air in the immediate vicinity of the operating point. The Odontosurge has also been used in a modified version for eye and brain surgery.

The instruments rest naturally in the hand. They are unidirectional and in every detail they give the appearance of being precision instruments. The controls are at the user's finger-tips, protected by a rubber ring. The instruments are readily cleaned, having neither recesses where impurities can gather.

At the same time, they have none of the rather frightening appearance that dental equipment often has. They appear like a discreet writing instrument – anonymous and businesslike. The design is notable for the boldness of its form and for its choice of material, surface finish and construction.

The Odontoson applies 42 kHz ultrasonics, for the cleaning of teeths.

Kongskildes rotorsmuldrer er beregnet til montage efter harven, som trækkes af en traktor, sådan at harven først løsner jorden, hvorefter rotoren findeler det øverste jordlag.

Rotorsmuldreren er opbygget i sektioner, sådan at den kan tilpasses Kongskildes harver af forskellig bredde.

I stedet for det normalt benyttede fladjern anvender Kongskilde rotorsmuldrer rundt fjederstål til redskabets bøjler. Konstruktionen med profilerede skiver, som får stabilitet ved at de fjedrende smuldrerbøjler spænder mod dem, er produktionsmæssigt rigtigt tænkt.

De enkelte bøjler, som er konstruktionens sliddele, kan udskiftes på et øjeblik. Det eneste værktøj, der kræves, er en hammer, en dorn, og et enkelt specialværktøj eller en rørtang.

The Kongskilde rotacrat is designed to fit after the harrow behind a tractor: the harrow pulls up the soil to introduce air, the rotacrat crumbles it.

The rotacrat is built in sections so that it can be adapted to different lengths of Kongskilde harrows.

Kongskilde employs round spring bar for the rotarods of the implement instead of the more normal flat bar. The design, with its sectional discs stabilised by the counter-pressure of the rotarods, has good manufacturing features.

The individual rods, which are the parts subject to wear, can be replaced in an instant. The only tools necessary are a hammer, a drift, and a special-purpose tool or a shift key.

Roulunds olieflydespærring løser et aktuelt miljø-problem: At afgrænse olieudslip fra f.eks. boreplatforme eller skibe.

Flydespærringen har specielt store flydere, og er konstrueret, så den står krumt i vandet og sådan at den nederste del af spærringen, danner en dobbelt konkav facon imod strømretningen. Herigennem bliver den meget stabil, når den bugseres i U-form. Flydespærringen er robust i sin udformning og kan tåle påsejling.

Detaljerne i konstruktionen er store, kraftige og simple. De har de funktioner, de skal have, men går aldrig ud over det tilstrækkelige. Det gør dem enkle og sikre at betjene. En anden velgennemtænkt detalje er flydelegemets refleksstribe, som har forskellig retning udvendigt og indvendigt.

Designet er præget af stor styrke og enkelhed og er helt tilpasset det agressive miljø, flydespærringen skal fungere i.

The Roulund floating oil-boom (RO-BOOM) solves a pressing environmental problem: halting the spread of oil slicks emitted by drilling rigs or ships.

The boom has unusually large floaters and has been designed to lie at an angle in the water. The lower part of the boom forms a biconcave shape against the direction of the current. This makes the boom very stable when towed in a U-shape. The boom is designed as a sturdy structure and can survive collision with ships.

Design example of a well-considered detail is the reflector stripes with which the boom is provided. They have a different pattern on the inside and the outside of the boom.

The design is strong and simple – well capable of handling the aggressive environmental conditions in which the RO-BOOM operates.

Produkt/Product:
Kongskilde Rotorsmuldrer/Rotacrat

Design:
Finn Ulrich Jensen (Kongskilde)

Producent/Manufacturer:
Kongskilde Maskinfabrik A/S

Produkt/Product:
RO-BOOM
olieflydespærring/floating oil-boom

Design:
H.O. Holgersen (Roulund)
L.B. Rasmussen (Roulund)

Producent/Manufacturer:
A/S Roulunds Fabriker

Navn/Name:
Knud Andreasen, 1939

Titel/Title:
Direktør/Director

Firma/Company:
Scandinavisk Reflektor Comp. ApS

RS Spejlreflektoren bygger på den observation, at de nye 26 mm lysrør bruger samme fatning som de traditionelle 38 mm rør. Dermed bliver der plads i armaturet til at anbringe en effektiv spejlreflektor over røret til forbedring af lysudbyttet og reduktion af blændingen.

RS Spejlreflektoren er en minimumskonstruktion. Den fremstilles ved simpel formpresning. Reflektoren anbringes med en clips af rustfrit stål direkte på lysrøret. Det gør den uafhængig af armaturets udformning.

RS Spejlreflektoren er lysteknisk effektiv, let at håndtere og billig i indkøb. Med sin forbedring i lysudbyttet vil den hurtigt tjene sin pris hjem.

Den er et eksempel på, at et teknisk helt enkelt produkt godt kan være af god design.

The RS reflector is based upon the observation that the new 26 mm fluorescent tubes use the same fitting as a traditional 38 mm tube. This makes it possible to place a reflector over the tube in order to increase efficiency and reduce glare.

The RS reflector is a minimal construction. Its shape is determined mathematically, and it can be manufactured by a simple pressing process. By means of two stainless metal clips the reflector is fastened directly to the tube. This makes it independent of the design of the lightning fixture.

The RS reflector is technically efficient, easy to handle, and cheap. By improving the fixture's efficiency, it quickly recovers its cost.

In addition, it illustrates the fact that a technically simple product can constitute good design.

Navn/Name:
Arne Nielsen, 1933

Titel/Title:
Designer

Firma/Company:
Arne Nielsen ApS

Formålet med Leitech gevindkontroldornen er i én arbejdsgang at kontrollere kvaliteten af et gevind og måle dets dybde.

Dornen er konstrueret over et aluminiumshus, der omslutter en teleskopisk, fjederbelastet målebøsning, hvorigennem der er monteret en god- og fejldorn i fast forbindelse med huset. Målebøsningen har skala til aflæsning af gevinddybde.

Denne nye konstruktion udelukker fejlmåling, og den reducerer kontroltiden til under det halve. I nulstillingen beskytter målebøsningen endvidere dornens godside mod stød og slag.

Leitech dornen er et instrument af sjældent høj kvalitet. Den falder godt i hånden, dens form og overfladebehandling er umiddelbart sympatisk og sikker, og instrumentets typografi er tydelig og god.

The purpose of the Leitech thread control gauge is to test the accuracy of the thread line and measure the depth of the hole – in one operation.

The gauge is built from an aluminum housing which encloses a telescopic, spring-guided measuring bushing. The housing is fastened to the control gauge which has a »good« and a »faulty« thread end. The measuring bushing carries a scale for the measurement of the depth of the hole.

The construction makes faulty measurements almost impossible, and it reduces measuring time by more than 50%. In its zero position, the bushing protects the »good« end of the gauge.

The Leitech thread control gauge is a precision instrument of unusually high quality. It feels comfortable to hold, its shape and surface treatment are aesthetically pleasing, and the typography of the instrument is clear and distinct.

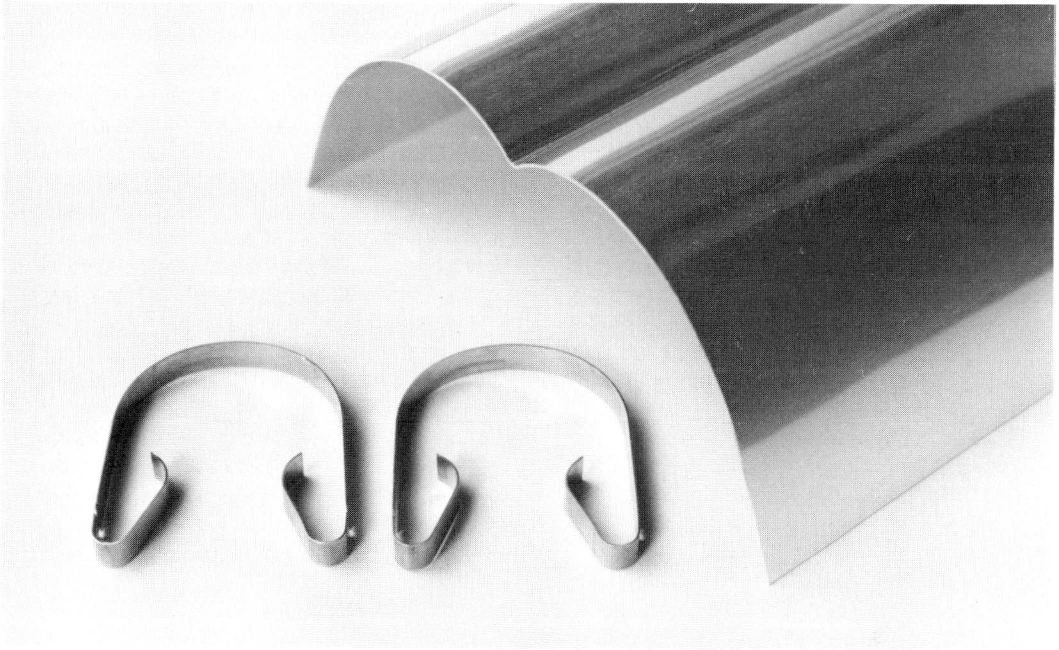

Produkt/Product:
RS Spejlreflektor
The RS-Reflector

Design:
Knud Andreasen

Producent/Manufacturer:
Scandinavisk Reflektor Comp.ApS

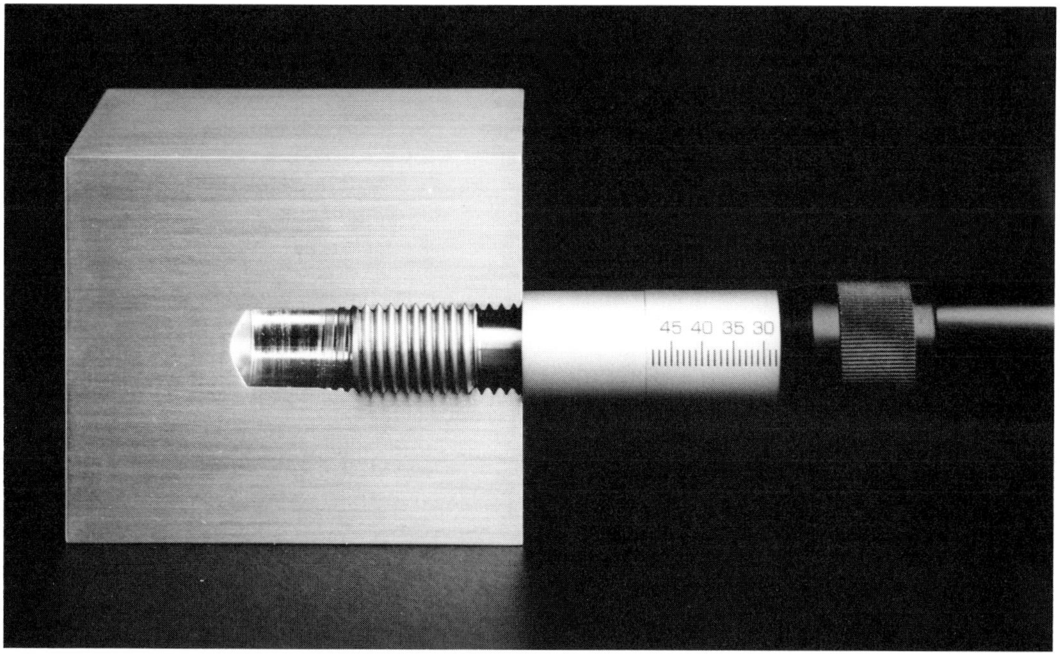

Produkt/Product:
Leitech gevindkontroldorn
Leitech thread control gauge

Design:
Arne Nielsen

Producent/Manufacturer:
Leitech aps

DUPLO Baby programmet har fået sin form ud fra en grundlæggende viden om små børns udvikling.

De helt simple rangler har et dobbeltgreb, så begge hænder naturligt tages i brug samtidig – sådan som en tre måneders baby griber om *enhver* rangle. De mere komplekse typer i serien afspejler udviklingen af barnets finmotorik.

Legetøjet inviterer barnet til aktivt at udforske tingene ved at putte dem i munden og føle efter med fingrene, og det giver »svar« tilbage i form af lyd, bevægelse eller ændret form.

DUPLO Baby programmet er frit for skarpe kanter og dele, der er så små, at barnet kan sluge dem. Det er forbilledligt i den tekniske udførelse, og det er derved med til at give barnet en introduktion til begrebet kvalitet.

The design of the DUPLO Baby programme is based on a thorough understanding of development of children.

The simple rattles have two handles which invite the child to use both hands at the same time – in the way a three-month baby will grasp *any* rattle. The more complex models in the series reflect the development of the child's fine motor control.

The toys invite the child to explore them actively by using its fingers and putting them into its mouth, and they provide a response in the form of a sound, movement, or some change of shape.

The DUPLO Baby programme has no sharp edges or parts which are small enough to be swallowed. The exemplary quality of its technical workmanship gives the small child an early introduction to good quality.

Navn/Name:
Paul Elvström, 1928

Firma/Company:
Elvström Yacht Design

Elvström sailboard'et udnytter Paul Elvström's erfaring som sejler (fire gange olympisk guldvinder og tretten gange verdensmester). Det har været med til at give undervandsskroget dets form.

Konstruktionen er opbygget i fiberglas sandwich med honeycomb skum, afstivet på vigtige steder i board'ets længderetning. Dette giver en effektiv kontrol af board'ets kvalitet, og er med til at give et lettere og stærkere board, end ved den traditionelle konstruktion, hvor skroget bygges først og herefter opfyldes med et ekspanderende skummateriale.

Elvström sailboard'ets vægt er – i et hårfint spil med naturkræfterne – bragt ned på et minimum.

Sailboard'et rummer en række ergonomisk vel gennemarbejdede detaljer. Det har i en række internationale konkurrencer placeret sig som vinder.

The Elvström sailboard benefits from the sailing experience of Paul Elvström (four Olympic gold medals, thirteen world championships). The shape of the underwater part of the sailboard has been designed directly from this experience.

Structurally, the sailboard is a fibreglass sandwich with honeycomb foam. It is reinforced at the critical points along the board. This ensures effective quality control in manufacture and produces a lighter, stronger board than the traditional method of constructing the hull first, and then filling it with an expanding foam material.

The weight of the sailboard has been reduced to a minimum.

The sailboard is based on sound ergonomic principles. It has proved itself a winner in a whole series of international competitions.

Produkt/Product:
DUPLO Baby

Design:
LEGO Futura

Producent/Manufacturer:
INTERLEGO A/S

Produkt/Product:
Elvström Sailboards, Race Line

Design:
Paul Elvström

Producent/Manufacturer:
Elvström Sailboard A/S

Krumtapakslen i en skibsmotor fremstilles traditionelt af delelementer, som samles ved opvarmning og sammenkrympning. Dette resulterer i uønsket store dimensioner.

Efter mere end 10 års udviklingsarbejde er B&W Diesel nået frem til en svejst krumtapaksel med egenskaber, som om den var fremstillet af et stykke stål.

Den nye krumtapaksel vejer og fylder væsentligt mindre end de hidtil anvendte, og den muliggør en reduktion af størrelse og vægt af en række andre motorkomponenter. Derved er opnået en dieselmotor med et minimalt brændolieforbrug.

Krumtapakslen fremstår i en skulpturel form, som afspejler, at konstruktionen fysisk/mekanisk er nær det ideelle.

Crankshafts for ship engines have, until today, been built from components which are assembled by heating and shrinking. As a result, the dimensions of both the crankshaft and the engine have been undesirably large.

The B&W Diesel welded crankshaft has evolved from a 10 year development process with properties every bit as good as if it had been made from a single block of steel.

The new crankshaft is smaller than, and weighs less than a normal crankshaft, thus making it possible to reduce the dimensions and weight of other engine components. This reduces the fuel consumption of the engine.

The sculpturally moulded form and finely finished surfaces of the crankshaft make it, both in physical appearance and technically, close to perfection.

Navn/Name:
Jens Møller-Jensen, 1938

Titel/Title:
Arkitekt/Architect MAA IDD

Firma/Company:
Jens Møller-Jensen tegnestue og modelværksted

SHIPMATE serie RS 1000 omfatter ialt seks navigationsinstrumenter med tilhørende transducere for sejl- og motorbåde.

Instrumenterne er tænkt som et system. Alle instrumenter har en data-udgang, sådan at de kan tilsluttes andet navigationsudstyr, f.eks. en satellit-navigator.

De flade instrumenthuse er udført af slagfast polycarbonat, som kan modstå de hårde belastninger om bord.

Instrumenterne giver mulighed for samtidig aflæsning på to skalaer. En analog skala i kanten af instrumentet for det hurtige overblik og en digital visning i midten for præcision. Display'et er udført i en flydende krystal teknik. Typografien er tydelig og godt gennemarbejdet. Gennem de let forståelige pictogram-kontakter opnås, at instrumenterne bliver sproguafhængige.

The SHIPMATE RS 1000 series includes six marine instruments with transducers for boats.

The RS series is designed as a system. All instruments have a data plug which makes it possible to connect them to other navigation equipment such as a satelite navigator.

The flat instrument housing is made from polycarbonate which is able to withstand impacts and other rough treatment on board.

It is possible to make readings on two scales simultaneously: an analog scale at the edge of the instrument for a quick reading, and a digital display in the centre for precision reading. A floating crystal display is used. Typography is clear and well thought out. By using pictograms on function keys rather than words, the instruments have become language independent.

1983/84

Produkt/Product:
Svejst Krumtapaksel
Welded Crankshaft

Design:
B&W Diesel

Producent/Manufacturer:
B&W Diesel A/S

Produkt/Product:
SHIPMATE RS 1000
marine instruments

Design:
John Wulff (R&S)
Jens Møller-Jensen MAA IDD
Palle Sørensen IDD
Ole Søndergaard IDD (graphics)
Ove Jensen (R&S)

Producent/Manufacturer:
Rauff & Sørensen A/S

Navn/Name:
Børge S. Nielsen, 1923

Titel/Title:
Adm. direktør/Managing Director

Firma/Company:
Eskofot A/S

Børge S. Nielsen:
Da vi startede for ca. 25 år siden, fornemmede vi, at nøglen til succes måtte være et produkt, der på én gang var smukt og funktionelt. Derfor sagde vi industriel design. Som de første gik vi væk fra den håndfremstillede fotokopimaskine i form af kunstlæderbetrukne trækasser og satsede i stedet på et produkt, som ville egne sig til industriel fremstilling.

En af grundene til, at vi idag har flere fabrikker i Hjørring, end der engang var ansatte på fabrikken, og at vi idag har en omsætning på 400 mio kr. er, at vi på det rigtige tidspunkt indledte et samarbejde med vor designer, Jan Trägårdh.

Idag er Jan Trägårdh med fra det øjeblik, vi nedfælder de første tanker til et nyt produkt på papiret. Ideer udveksles, og på baggrund af dette oplæg udarbejder Jan en råskitse, som sjældent afviger meget fra det færdige resultat. Vi kunne ikke tænke os at udvikle et eneste produkt, uden samtidig at gennemarbejde det design-mæssigt.

Vi må være ærlige nok til at sige, at design i sidste instans er et spørgsmål om økonomi. Det er en stor tilfredsstillelse at få en ID pris, men det er en større tilfredsstillelse, når det viser sig, at et godt design kombineret med en høj kvalitet resulterer i en større omsætning.

Gennem årene har vi haft den glæde at modtage et større antal priser. Det har været et incitament for vore udviklingsfolk og vore øvrige medarbejdere, og det er med til at understrege, hvor vigtigt det er, at der er en samhørighed mellem kvalitet, funktion og udseende.

Denne indstilling har på sin vis virket opdragende og også været medvirkende til det arbejdsmiljø, vi har skabt gennem årene. Design i sig selv er jo en kunst – der er bare tale om en anden form for kunst – industriel kunst.

Børge S. Nielsen:
When we started about 25 years ago we felt that the key to succes must be a product which was both attractive and functional. Therefore, we said: industrial design. The first thing we did was to give up the hand-produced photocopy machine in the form of wooden boxes covered with synthetic leather, and instead concentrate on a product which would be suitable for industrial manufacture.

One of the reasons why today we have more factories in Hjørring than we had at that time employees at the factory, and why today we have a turnover of Dkr 400 million, is that we established co-operation with our designer Jan Trägårdh at the right time.

Today Jan Trägårdh is involved from the moment we commit our first ideas for a new product to paper. Ideas are exchanged, and on the basis of this draft Jan prepares a rough outline, which seldom differs from the finished result.

In all honesty we must say that ultimately design is a question of economy. It is a great satisfaction to get an ID prize, but it is an even greater satisfaction when it turns out that a good design combined with high quality results in a larger turnover.

Over the years we have had the pleasure of receiving a large number of prizes. This has been an incentive for our people involved in development and our other employees, and it emphasizes how important it is that there is a connection between quality, function and appearance.

This attitude has, in its way, had an educational effect and has also contributed to the working environment which we have created through the years. Design is in itself just another form of art – industrial art.

Produkt/Product:
Eskofot 8200
dagslyskamera/daylight camera

Design:
Jan Trägårdh MAA IDD

Producent/Manufacturer:
Eskofot A/S

Eskofot's fuldautomatiske dagslyskamera imødekommer det voksende krav på det grafiske »pre-press« område for højproduktivt, alsidigt og betjeningsvenligt udstyr, som ikke kræver mørkekammerfaciliteter.

En 64 K computer styrer samtlige funktioner. Via betjenings-display'et gør computeren operatøren opmærksom på, nøjagtig hvilke operationer der skal foretages i forbindelse med f eks ilægning af papir, filterskift og skift af kemikalier.

Eskofot 8200 er fuldautomatisk fra det øjeblik, operatøren har aktiveret funktionsknapperne og dermed specificeret reproduktionsgrad, kopistørrelse, papirtype og kopiernes art og antal, til de færdige kopier kommer ud.

Eskofot 8200 fremtræder – uanset at systemet består af en række sammenkoblede enheder – med et iøjnefaldende helhedspræg.

The Eskofot fully automatic daylight camera satisfies the growing need in the »pre-press« sector of the printing industry for a highly productive, versatile and user-friendly apparatus which does not require darkroom facilities.

A 64K computer controls all camera functions. Via its display screen the computer informs the operator exactly what action to take in connection, for example, with the insertion of paper, changing filters, renewing chemicals, etc.

The Eskofot 8200 is fully automatic from the moment the operator has activated the function controls (thereby specifying the degree of reproduction, copy size, paper type, copy type and quantity) until the finished copy emerges.

In spite of the fact that the system comprises a number of linked units, the Eskofot 8200 has a remarkably uniform look.

Navn/Name;
Michael Lindeburg

Titel/Title:
Designer/Designer MAA IDD

Firma/Company:
Chr. Bjørns Tegnestue

Supermax serien af computere fra virksomheden Dansk Data Elektronik er tænkt som en produkt-familie, som via flexibilitet og modularitet er i stand til at vokse med de edb opgaver, DDE computerne skal løse.

Uanset at design-indholdet i opgaven er begrænset, er det lykkedes at nå frem til en produktserie med et klart kvalitets- og familiepræg, og med kabinetter i størrelser, som harmonerer med kontormiljøets øvrige komponenter.

Detaljeringen er velgennemtænkt og kvalitetspræget. Indføringen af stik og ledninger foregår skjult og velordnet på bagsiden. Frontpanelets opbygning i en aktiv betjeningszone og en passiv komponentside sikrer en let betjening og let adgang til service.

Juryen finder det iøvrigt bemærkelsesværdigt, at så ung en virksomhed har formået at lægge og fastholde en design-linie, der ikke alene omfatter virksomhedens produkter, men virksomhedens samlede visuelle identitet.

The Supermax series of computers by Dansk Data Elektronik is intended as a product family, relying on flexibility and modularity to expand in step with the data-processing work the DDE computer is required to accomplish.

Although the design content of the project is limited, it has nevertheless been possible to arrive at a product series with an unmistakable quality and family appearance and in cabinets whose size fits in with the other components of an office environment.

The details have been carefully planned and executed with a quality touch. Plugs and cables enter the machine discreetly and in orderly fashion on the rear panel. Subdivision of the front panel into an active operating zone and a passive component zone facilitates operation and maintenance.

The jury finds it remarkable that such a young company has succeeded in defining and maintaining a design policy that encompasses not only the company's products but its overall visual identity.

Navn/Name:
Christian Tøpholm, 1918

Titel/Title:
Ingeniør/B.sc. EE

Firma/Company:
Tøpholm & Westermann ApS

Audilens høreapparatet er en elektronisk og mekanisk miniature-konstruktion.

Gennem den lille størrelse er det blevet muligt at give høreapparatet en indlysende rigtig placering, nemlig indenfor ørets concha og ikke bag øret, hvor høreapparater normalt er placeret.

Derved opnås et høreapparat, som er retningsbestemt, og som, hvis der anvendes et apparat i begge ører, giver en stereo-hørelse.

Den glatte, svagt hvælvede overflade og valget mellem fem forskellige hudfarvenuancer gør Audilens lidet iøjnefaldende.

Den præcise form er velvalgt. Den fortæller diskret, at der er tale om et høreapparat i miniaturestørrelse, hvor en mere organisk form reelt ville have været langt mere iøjnefaldende.

Audilens høreapparatet er iøvrigt et eksempel på en løbende innovation inden for et produktområde, hvor Danmark i forvejen indtager en international førerstilling.

The Audilens hearing aid is an electronic and mechanical miniature device.

Its compact dimensions enable this product to assume the obviously correct location: within the concha of the ear instead of behind the ear, where hearing aids are normally placed.

The result is a directional hearing aid. If one is placed in each ear, the wearer experiences a stereo effect.

The smooth, slightly rounded surface and the choice of five different skin shades makes the Audilens a discreet aid.

The precise shape has been determined with care. It communicates in discreet terms the message that this is a miniature hearing aid, whereas a more organic shape would in effect have been more obvious to the eye.

The Audilens hearing aid is an excellent example of the fact that continuous innovation is possible even in a product field in which Denmark already has an international lead.

Produkt/Product:
Supermax datamatserien
The Supermax computers

Design:
Christian Bjørns Tegnestue +
Dansk Data Elektronik

Producent/Manufacturer:
Dansk Data Elektronik A/S

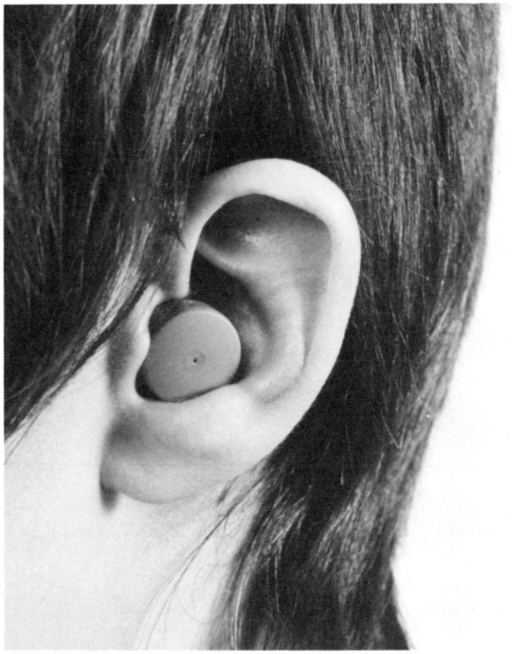

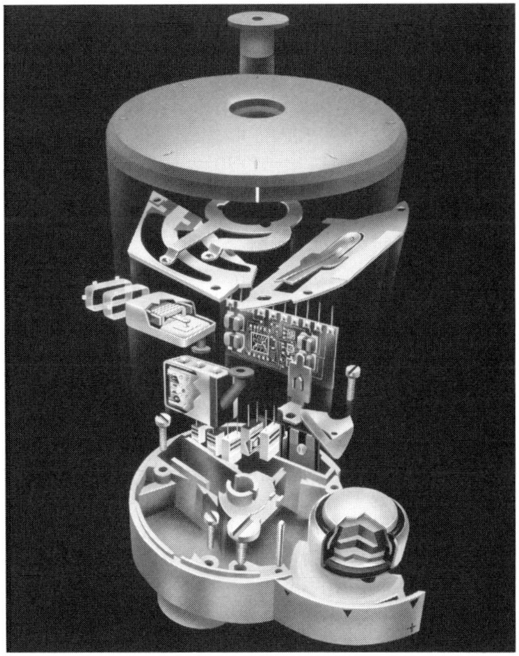

Produkt/Product:
Audilens 835
høreapparat/hearing aid

Design:
Christian Tøpholm

Producent/Manufacturer:
Tøpholm & Westermann ApS

Navn/Name:
Jan Trägårdh, 1931

Titel/Title:
Designer MAA IDD

Firma/Company:
Jan Trägårdh Design

AMBU kufferterne indeholder førstehjælpsapparatur og medicin til behandling af patienter *on location,* f eks i beboelser, på skibe eller under feltmæssige forhold.

Det er med kufferterne lykkedes at yde apparaturet beskyttelser under grov håndtering, kombineret med overskuelighed og hurtig og sikker udtagning og tilbagelægning af indholdet.

Gennem de udvendige skallers form er der, uden brug af metalprofiler, opnået en vridningsstiv skal af mindst mulig vægt. Samtidig tjener de profilerede flader til at gøre den modstandsdygtig mod slid.

Støbeværktøjerne er udført med udskiftelige indsatse for støbning af de forskellige emnevarianter, sådan at investeringen i værktøjer er minimeret.

AMBU modulredningskufferten er i sin fremtræden saglig, djærv og enkel. De profillerede flader, de store hjørneradier og kantprofilens dimensioner understreger robustheden visuelt, sådan at kufferten fremtræder som en professionel arbejdscontainer, der tåler grov behandling.

The AMBU life-saving case contains first-aid equipment and medicine for treating patients outside ambulances, lifeboats, etc. For example, in homes, aboard ships or under field conditions.

The case manages to protect its contents even when roughly handled. It also combines clarity with the speedy and safe removal and replacement of its contents.

The shape of the external shell has made it possible, without the use of sectional metal, to produce a torsionally stable case of minimum weight. At the same time the sectional surface helps camouflage wear and tear.

The moulding tools have been designed with interchangeable inserts to permit the moulding of different components with a minimum investment in retooling.

The AMBU modular life-saving case presents a businesslike, bustling and simple appearance. Its sectional surfaces, the large corner radius and the dimensions of the sectional edging serve to emphasise the sturdiness of the case, identifying it as a professional, working container which can take a lot of rough treatment.

1985

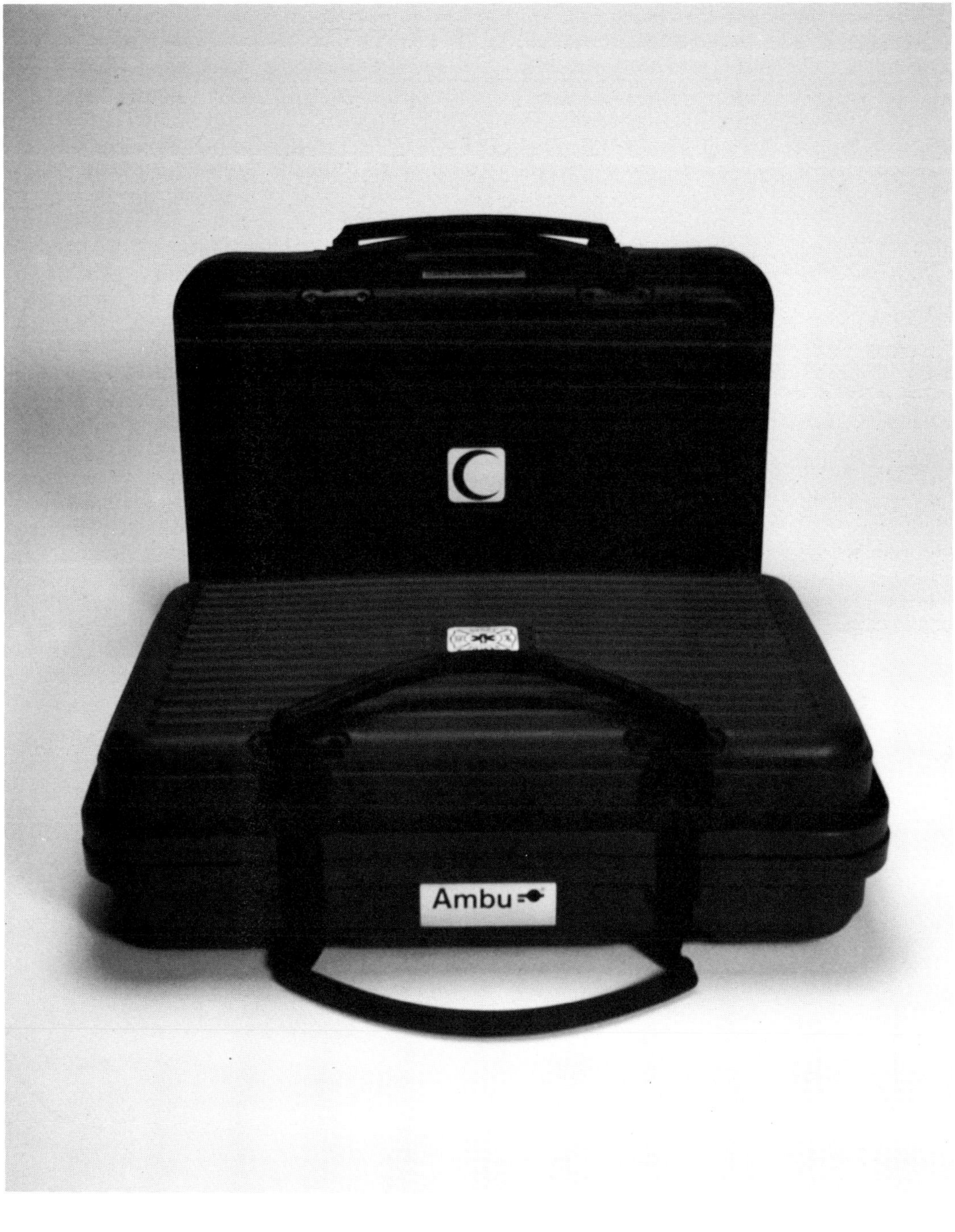

Produkt/Product:
Ambu Modulredningskuffert
Ambu Emergency Case System

Design:
Jan Trägårdh MAA IDD
Niels Christiansen
Ole B. Køhnke (Testa)

Producent/Manufacturer:
Testa-Laboratorium A/S

Navn/Name:
Niels Due Jensen, 1943

Titel/Title:
Adm. Koncerndirektør/
Managing Director

Firma/Company:
Grundfos A/S

Grundfos kælderpumpen er beregnet til vædsketransport og lænseformål for »gråt« spildevand, hvor pumpen skal være helt eller delvis neddykket i mediet. Pumpen anvendes inden for industrien og ved pludseligt opståede behov, f eks i forbindelse med skybrud, lækager fra installationer eller ved andre former for oversvømmelse.

Pumpen viderefører Grundfos' tradition for anvendelse af det seje, stærke og temperaturbestandige rustfrie stål, kombineret med en højt udviklet produktionsteknologi.

Motoren er en »våd« motor, påfyldt frostsikker vædske. Statoren og viklingen i det rustfrie statorhus er udstøbt hermetisk med polyurethan. Motoren ødelægges derfor ikke, selv om der opstår kondens eller trænger vand ind i den.

Pumpen er let (7 kg), robust, støjsvag og enkel at tilslutte. Med sine glatte overflader i rustfrit stål uden synlige svejsninger er den let at rengøre, og vedligeholdelsesfri.

Kroppens proportioner og sidernes lette krumhed samt detaljeringen af bl a flydeafbryderen er med til at understrege pumpens præg af robusthed, sikkerhed og høj teknisk kvalitet.

The Grundfos submersible sump pump is designed for the removal of domestic and »grey« waste water with the pump totally or partially submerged in the medium. The pump is used by industry and in emergency situations, e.g. in the event of a cloudburst, leakage from installations or other forms of flooding.

The pump continues the Grundfos tradition of employing durable, strong and temperature-resistant stainless steel, combined with an advanced highly developed production technology.

The motor is »wet«, filled with anti-freeze fluid. The stator and windings in the stainless stator housing are hermetically sealed with polyurethane resin. As a result, the motor is not damaged, even if condensation forms or water finds its way inside the motor housing.

The pump is lightweight (7 kg), sturdy, quiet and simple to install. With its smooth stainless-steel surface, which has no visible welding seams, it is easy to clean and maintenance-free.

The proportions of the housing, the gentle curve of the sides and the detailed design of such things as the float switch help stress the pump's impression of strength, reliability and high technical quality.

1985

Produkt/Product:
Grundfos Type KP
dykket sumppumpe til spildevand/
submersible sump pump

Design:
Niels Due Jensen (Grundfos)

Producent/Manufacturer:
Grundfos A/S

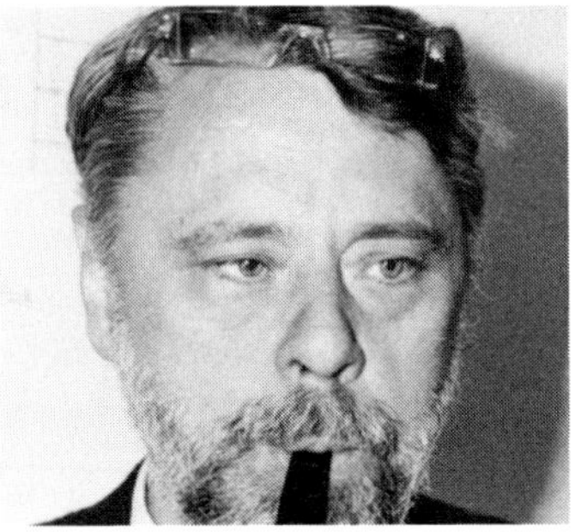

Navn/Name:
Jens Nielsen, 1937

Titel/Title:
Designchef/Director of Design
MAA IDD

Firma/Company:
DSB/Danish State Railways

ID prisens grundlæggelse

ID prisen har en broget historie med hjemsted i fire forskellige organisationer i rækkefølge, en overgang endda helt uden noget tilhørsforhold. Samtidig har ID prisen siden 1965 været en af de mest stabile institutioner i dansk design. Den er støt blevet uddelt år efter år, uanset hvem der for tiden stod bag. En af grundene til denne bemærkelsesværdige kontinuitet er juryen, som nok fik nye medlemmer hvert år, men aldrig blev udskiftet på en gang. De oversiddende medlemmer sikrede, at ideen bag prisen blev fastholdt og videreført. De nye, at man ikke groede fast i en forstenet design-opfattelse.

Set i tilbageblik har det nok tillige haft betydning, at ID prisen aldrig blev indstiftet formelt, men nærmest opstod af sig selv. Der lå ikke nogen storslået strategi bag foretagendet, kun et ønske om at vise omverdenen hvad vi den gang forstod ved god industriel design.

Ideen er slet ikke dansk, den stammer fra England, hvor Design Council allerede længe havde uddelt årspriser til producenter og designere. Navnet huggede vi fra det Norske Designråd, som netop var oprettet. Men den direkte anledning var, at det nystiftede foretagende *Bella Centret* ønskede at inddrage *design* i den store varemesse, *Scandinavian Trade Fair*, hvormed man ville indvie den nye udstillingsbygning på Bellahøj. *Selskabet for Industriel Formgivning* blev opfordret til at arrangere en lille design-udstilling i Bella Centrets glasoverdækkede midterhal. *Erik Herløw* påtog sig arbejdet som udstillings-arkitekt med *Jan Trägårdh* som sin assistent, og vi gik i gang med at finde frem til de produkter, der skulle repræsentere dansk industriel design; arealet var ikke ret stort. Under arbejdet hermed modnedes tanken om at prisbelønne de bedste eksempler på god design, og der blev nedsat en lille jury under forsæde af den daværende formand for SIF, direktør *Robert Fjordbøge*.

Selv havde jeg siden marts 1964 fungeret som sekretær i SIF, en lille forening som var oprettet nogle år forinden med det formål at

The founding of the ID Prize

The ID Prize has a diversified history, originating in four different organizations and in a period completely without connections. At the same time, the ID Prize has been one of the most stable institutions in Danish design since 1965. It has been awarded faithfully year after year by the organizations in charge at that time. One of the reasons for this remarkable continuity is the jury, which had new members every year, but was never replaced completely at one time. The continuing members maintained the idea behind the prize and passed it on. New members ensured that the concept of design never became static.

Looking back, it has probably also been important that the ID Prize was never formally established, but rather came into being on its own momentum. There was no grand strategy behind the enterprise, just a desire to show the outside world what we then considered good industrial design.

The idea is not Danish at all, but comes from England, where the *Design Council* has long awarded annual prizes to producers and designers. We stole the name from the Norwegian Design Council, which had just been established. But the direct impetus was that the newly established *Bella Centre* wanted to include design in the large *Scandinavian Trade Fair* which was to inaugurate the new exhibition building at Bellahøj.

Selskabet for Industriel Formgivning was asked to arrange a small design exhibition in the glass-covered central hall of the Bella Centre. *Erik Herløw* took on the task of exhibition architect with *Jan Trägårdh* assisting, and we started looking for products to represent Danish industrial design – the field was not very large. The idea of awarding prizes to the best examples of good design began to take shape, and a small jury was set up under the then chairman of SIF, director *Robert Fjordbøge.*

Since March 1964, I myself had acted as secretary for SIF, a smal association which had been established some years previously with the aim of furthering Danish industrial design.

Jens Nielsen, Erik Herløw og Jan Trägårdh i arbejde på den første design-udstilling i Bella Centret 1965. Jens Nielsen var sekretær i Selskabet for Industriel Formgivning, Erik Herløw var udstillingens arkitekt, og Jan Trägårdh var hans medarbejder på opgaven. Emnerne til de første ID priser blev valgt på udstillingen. Proceduren var ganske uformel, det hele var nærmest et forsøg.

Jens Nielsen, Erik Herløw and Jan Trägårdh at work on the first design exhibition in Bella Centre 1965. Jens Nielsen was secretary of the Society of Industrial Design, SIF, Erik Herløw was the exhibition's architect and Jan Trägårdh was his assistant. The subjects for the first ID Prizes were selected at the exhibition. The procedure was very informal, everything was more or less an experiment.

virke til fremme af dansk industriel design. Denne mission blev senere overtaget af Dansk Designråd og løses i dag langt mere effektivt, end vi den gang turde drømme om. Der var imidlertid udenlandske forbilleder, som vi beundrede, navnlig for deres størrelse og effektivitet, og jeg tilbragte meget af mit første år i SIF på rejse for at se, hvordan opgaverne blev løst andre steder.

For mange af de udenlandske organisationer var design-priser et anerkendt middel til fremme af deres formål, blandt andet fordi belønning og fremhævelse af eksempler på god design giver en bedre illustration af begrebet end alverdens foredrag, skriveri og paneldiskussioner. Derfor var det heller ikke vanskeligt at overbevise SIF om, at også Danmark burde have sin ID pris. Vi udgav allerede et lille, lødigt, syntes vi, men ikke særlig udbredt blad, ID, så betegnelsen var i hævd.

ID juryen arbejdede, mens udstillingen blev klargjort, det hele tog vist kun et par timer.

This mission was later taken over by the *Danish Design Council* and is now carried out far more effectively than we had dared dream. There were, how-ever, foreign precedents which we admired, especially for their size and efficiency, and I spent a lot of my first year in SID travelling to see how problems were solved in other places.

For many of the foreign organizations, design awards were a recognized means of furthering their purpose, among other things, because the award and pinpointing examples of good design give a better illustration of the concept than any amount of lectures, writings and panel discussions. Therefore it wasn't difficult to convince SIF that Denmark should also have an ID Prize. We already published a small magazine we thought excellent, titled *ID,* so the concept was known.

The ID jury worked while the exhibition was being readied. It took only a couple of hours. The same night the graphic designer *Bo Bonfils* designed a diploma, stamped as a relief on

Samme nat tegnede grafikeren *Bo Bonfils* et diplom, som han prægede i relief på håndgjort papir i sin kobbertrykpresse, så dokumenterne var klar til ceremonien, hvis forløb jeg i øvrigt ikke længere har nogen erindring om. Alting foregik i kapløb med tiden, og ligesom på stadion var de agerende længere fra begivenheden end publikum.

Interessen var dog så stor, at SIF besluttede at videreføre ID prisen næste år. Kontakten med Bella Centret blev til stor gavn for sagen. Direktør *Henning Anker Sørensen,* som døde alt for tidligt, og daværende udstillingschef *Børge Soltau* lagde både tid og kræfter i samarbejdet med SIF, og navnlig i de mere eller mindre ryggesløse arrangementer som vi foranstaltede på Bellahøj.

I 1966 blev der holdt endnu en design-udstilling under årets *Scandinavian Trade Fair* med uddeling for anden gang af ID prisen, og i 1967 lagde Bella Centret ryg, lokaler og penge til etablering af et permanent Dansk Design Center, under ideologisk ledelse af SIF. ID prisen blev en etableret institution, blandt andet støttet af den nybagte dansker *Prins Henrik*, der som sit første officielle hverv påtog sig posten som protektor for prisen, og som i flere år medvirkede i juryen og forestod prisoverrækkelserne.

Imidlertid var der uro i den danske design-verden. Landsforeningen Dansk Kunsthåndværk, som SIF havde et formelt, men sporadisk samarbejde med, var kommet i økonomisk uføre. Samtidig havde Bella Centret stadig større vanskeligheder ved at forsvare udgiften til Design Centret og dermed til SIF. I 1971 blev Selskabet sammensluttet med Landsforeningen og fik hovedsæde i dennes lokaler på Sct. Annæ Plads i Københavns centrum.

Ægteskabet mellem de to organisationer var arrangeret, og det holdt ikke længe. Midt i halvfjerdserne måtte *Landsforeningen Dansk Kunsthåndværk og Industriel Design* lukke. Blandt andet kunne man ikke enes om prioriteringen af industri og kunsthåndværk. I 1976 dannede en kreds af interesserede

hand-made paper in his copperplate printing press, so that the documents were ready for the ceremony, which I can no longer recall. Everything was a race against time, and like at the stadion the people in action were more removed from the scene than the audience. However, the interest was so great that SIF decided to continue with the ID Prize the following year. The contact with the Bella Centre really helped the cause. *Henning Anker Sørensen,* Director, who died before his time, and *Børge Soltau,* then exhibition manager, put all their time and efforts into the co-operation with SIF, and mainly in the rather haphazard arrangements which we initiated at Bellahøj.

In 1966 another design exhibition was held during the *Scandinavian Trade Fair* that year where the ID prize was awarded for the second time, and in 1967 the Bella Centre provided the premises and money for setting up a permanent Danish Design Center, under the ideological auspices of SIF. The ID Prize became an established event, i.a. supported by *Prince Henrik,* who as his first official duty accepted the post as protector of the prize, and for several years served on the jury and awarded the prize.

In the meantime, there was unrest in the Danish design world. *The National Association of Danish Handicrafts,* with which SIF had a formal but sporadic co-operation, was in financial difficulties. At the same time, the Bella Centre had great difficulty in covering the cost of the Design Centre, and thus of SIF. In 1971 the Society was merged with the National Association and obtained a head office in its premises at Sct. Annæ Plads in the centre of Copenhagen.

The marriage between the two organizations was arranged, and it did not last long. In the mid 1970's the *National Association of Danish Handicraft and Industrial Design* had to close. One of the areas of disagreement was the respective priority of industry versus handicraft. In 1976 a circle of interested people and institutions formed an informal organization, Danish Design group, with the main aim of

1967 var et godt høstår. ID prisen blev for første gang givet til et usynligt produkt, Grundfos dykpumpen, der under normale forhold bør befinde sig dybt nede i et hul. Prismodtageren, direktør P. Due Jensen forklarer den elegante konstruktion for Prins Henrik. I midten ses juryens formand, direktør Robert Fjordbøge.

1967 gave a good harvest. The ID Prize was given for the first time to an invisible product, Grundfos' diver's pump, which is normally found at the bottom of a deep hole. The recipient, P. Due Jensen, Director, is explaining the elegant construction to Prince Henrik. In the centre is the chairman of the jury, Robert Fjordbøge, Director.

personer og institutioner en uformel organisation, Dansk Design Gruppe, først og fremmest med det formål at videreføre ID prisen, som nu stod uden hjemsted.

Arbejdet i denne gruppe førte til dannelsen i 1977 af Dansk Designråd med ligelig støtte fra industrien, offentlige myndigheder og designfaget, og fra enkeltpersoner med vidt forskellig baggrund. Dermed var der skabt et anderledes sikkert fundament for arbejdet til fremme af dansk industriel design, end de tidligere, mere eller mindre vakkelvorne foreninger havde givet.

I mellemtiden, gennem alle omskiftelser, var ID prisen som den eneste faste institution en rød tråd i udviklingen, og det er den fremdeles. Ideen bag prisen er nu som tilforn blot at vise eksempler på det bedste i dansk produktudvikling og design. Heri ligger prisens enkle styrke, men også i den holdning, som skiftende juryer har demonstreret i deres virke.

Jens Nielsen

continuing the ID Prize, which now had no base.

In 1977 the work of this group led to the formation of the Danish Design Council with equal support from industry, public authorities and the design profession, and from individuals with widely varying backgrounds. In this way a much firmer foundation was laid for the task of furthering Danish industrial design than the one provided by the previous rather shaky organizations.

In the meantime, throughout all the changes as the only permanent institution, the ID Prize was and is a leitmotiv in development. The idea of the prize is now as always simply to show examples of the best in Danish product development and design. The simple strength of the prize lies in this, but also in the attitudes that changing juries have demonstrated in their work.

Navn/Name:
Bent Harlang, 1925
Formand for ID pris juryen siden 1977.
Chairman of the Jury since 1977.

Titel/Title:
Direktør, cand.polit.
Managing Director, MBA

Firma/Company:
Kevi A/S

Arbejdet i ID pris juryen

Sigtet med ID prisen er at vise den danske industri de bedste eksempler på industriel design og derigennem bidrage til begrebets størst mulige udbredelse.

Kriterierne for uddelingen af ID prisen har aldrig været nedskrevet i detaljer, og når jeg ser tilbage på den halve snes år, jeg har deltaget i jury-arbejdet for uddelingen af prisen, fremtræder de næsten som en søgeproces, hvis mål er at indkredse begrebet »god industriel design«.

I halvtredserne talte man om »industriel formgivning«. Det er en betegnelse, der siden er forladt, antagelig fordi den antyder en tidsmæssig forskel mellem indhold og form: Først indhold og dernæst form. Derfor hellere det nye ord »design«, når det danske sprog ikke er udrustet til at beskrive dét, som mange taler om, nogle arbejder med, og få praktiserer med succes.

Kernen i god design er, at indhold og form udgør en helhed.

Jeg tror, at ID prisens fædre har indset vanskeligheden ved at omsætte dette grundprincip til en kvalitativ bedømmelse og allerede fra starten søgt dækning for det gennem den måde, juryen er sammensat på. Jury-medlemmernes relation til design-processen skulle være forskelligartet: Naturligvis har professionelle designere deres plads, men ved deres side har der i alle årene været danske producenter. Og herudover har design-teoretikere og -skribenter, deltagere med forbrugersynspunkter og marketingfolk deltaget i arbejdet i juryen.

Det har sikret en balance i vurderingen og, tror jeg, gjort det muligt at fastholde en kontinuitet i fortolkningen af design-begrebet gennem årene.

I det indledende arbejde beskæftiger juryen sig naturligt med at frasortere produkter, som klart vil falde udenfor bedømmelsen. En gruppe produkter i denne kategori er sådanne, som betegner en ren teknisk innovation uden en yderligere design-mæssig bearbejdning. En anden gruppe produkter er sådanne, hvor

The ID Prize jury at work

The aim of the ID prize is to show Danish industry the best examples of industrial design, thereby contributing to the widest possible awareness of the concept.

The criteria for awarding the ID Prize have never been written down in detail. In looking back over the ten years I have participated in granting the award, I see it as a searching process whose aim has been to encompass the concept »good industrial design«.

In the 50's the term was, in direct translation from Danish, »industrial form-giving«. This has since been abandoned, presumably because it suggests a time-lag between form and content: First the content and then the form. The new word »design« is preferable, since the Danish language has not one word to describe what so many people talk about, some work with, and few practice with success.

The core of good design is the unity of form and content.

I believe that the founders of the ID Prize have recognized the difficulty of converting this basic principle into a qualitative judgement, and from the beginning made allowances for it in the way the jury is constituted. Jury members should have different relationships with the design process. Of course, professional designers have their place, but Danish producers have been at their side throughout the years. In addition, design theoreticians and writers, consumer representatives and marketing people have taken part in the work of the jury.

This has ensured a balanced evaluation, and, I think, made it possible to maintain continuity in the interpretation of the concept of design over the years.

In its preliminary work, the jury naturally sorts out products which are clearly not suitable for consideration. One group of products in this category is that which indicates a purely technical innovation without further work on the design. Another such group interprets the concept of design as purely cosmetic. At this stage the jury also determines whether designbegrebet opfattes som ren kosmetik. Juryen tager i denne fase også stilling til, om der i det hele taget er tale om et industrielt fremstillet produkt.

Efter denne indledende sortering bliver debatten i juryen mere kompliceret:

Er produktet indenfor sin art en nyskabelse (det kan i denne sammenhæng godt være en ny og bedre bearbejdning af en kendt tema)?

Overholder produktet kravene til logik i sin opbygning?

Er løsningerne konsekvente og forståelige?

Er materialeøkonomien god?

Er produktet opbygget sådan, at det også forstås og opfattes som troværdigt af fremstillerne?

Er den valgte fremstillingsteknik optimal, vurderet ud fra produktets art og seriestørrelse?

Er bearbejdning, farvesætning og grafik i orden?

ID prisen har det pædagogiske sigte at pege på en mere omfattende og nuanceret opfattelse af den proces, det er at udvikle et nyt produkt. Det er derfor glædeligt, at antallet og forskelligartetheden af de produkter, der tilmeldes til konkurrencen om ID prisen, efterhånden er blevet meget stor. Det afspejler, at der er ved at ske en holdningsændring i den danske industri, som rækker langt udenfor de områder, der gennem et slægtskab med kunsthåndværket er »født« med en naturlig design-bevidsthed.

Der dukker hvert år nye virksomheder op med glimrende produkter. Modtagelsen af ID prisen har for mange været startskuddet til en interessant udvikling.

Bent Harlang

the product is in fact industrially produced.

After the initial sorting out process, debate within the jury becomes more complicated:

Is the product really something new of its kind (in this connection it could quite well be a new and better version of a known theme)?

Is the product logical in its build-up?

Are the solutions consistent and comprehensible?

Is the material budget sound?

Is the product built up in a way that is understood and conceived as authentic by the makers?

Is the chosen production technique optimal, from the standpoint of the nature of the product and the size of the series?

Are the finishing, colouring and graphics in order?

The ID Prize has the pedagogical aim of indicating a more comprehensive and varied concept of the process of developing a new product. It is therefore gratifying that the number and diversity of the products entered in the competition for the ID Prize has increased. This reflects a change in attitude in Danish industry which reaches far beyond the areas which are »born« with a natural design consciousness due to their relationship to industrial arts.

Every year new companies bring forth excellent products. Receiving the ID Prize has been the starting point for an interesting development in many of them.